21世纪高等教育计算机规划教材

COMPUTER

C语言程序设计实验指导与课程设计

The Experiments and Curriculum Design Guidance of The C Programming Language

郭有强 王磊 姚保峰 朱洪浩 马程 编著

人民邮电出版社
北京

图书在版编目（CIP）数据

C语言程序设计实验指导与课程设计 / 郭有强等编著
. -- 北京 : 人民邮电出版社, 2016.2（2020.1重印）
21世纪高等教育计算机规划教材
ISBN 978-7-115-41198-3

Ⅰ. ①C… Ⅱ. ①郭… Ⅲ. ①C语言－程序设计－高等学校－教学参考资料 Ⅳ. ①TP312

中国版本图书馆CIP数据核字(2016)第011507号

内 容 提 要

本书为更好地巩固和掌握 C 语言的相关知识，提高读者的程序阅读能力和程序设计能力而编写，是《C 语言程序设计》一书的配套实验与课程设计指导书。全书共分 5 个部分，分别是基础实验、课程设计、模拟试题、参考答案及附录。本书内容丰富，结构紧凑，选题典型丰富，对初学者具有很强的针对性。

本书可作为高等院校理工类专业计算机程序设计课程的教学用书，也可作为等级考试和自学人员的参考书。

◆ 编　　著　郭有强　王　磊　姚保峰　朱洪浩　马　程
责任编辑　邹文波
执行编辑　李　召
责任印制　沈　蓉　彭志环

◆ 人民邮电出版社出版发行　　北京市丰台区成寿寺路 11 号
邮编　100164　　电子邮件　315@ptpress.com.cn
网址　http://www.ptpress.com.cn
天津千鹤文化传播有限公司印刷

◆ 开本：787×1092　1/16
印张：10.5　　　　2016 年 2 月第 1 版
字数：277 千字　　　2020 年 1 月天津第 11 次印刷

定价：28.00 元

读者服务热线：(010)81055256　印装质量热线：(010)81055316
反盗版热线：(010)81055315

前言

本书是《C 语言程序设计》(郭有强、王磊、姚保峰、朱洪浩、马程编著，人民邮电出版社 2016 年出版）的配套教材。

本书是集众多长期从事 C 语言教学工作的一线教师的经验和体会，并参考大量的国内外有关资料编写而成的。全书共分为 5 个部分。第 1 部分给出了 13 个基础实验，基本覆盖了 C 语言程序设计的主要知识点，每个实验都包含“实验目的”“实验准备”“实验步骤”“实验内容”和“思考与练习”；第 2 部分给出了 1 个课程设计样例和 16 个课程设计参考题目，通过综合训练，期望读者的程序设计能力得到进一步提高；第 3 部分给出了 6 套模拟试题；第 4 部分给出了主教材中的习题解答、基础实验部分“思考与练习”的参考答案和模拟试题的参考答案；第 5 部分介绍了常见的编译错误信息、标准 ASCII 码表，以帮助读者上机练习。本书内容丰富，结构紧凑，选题典型丰富，对初学者具有很强的针对性。

本书由郭有强担任主编，负责总体设计、统稿，并编写实验 13、课程设计、模拟试题。王磊担任副主编，负责本书全部例题源代码的测试和电子讲稿制作，并编写实验 7～实验 10。参加编写工作的还有姚保峰编写实验 1～实验 3，朱洪浩编写实验 4～实验 6，马程编写实验 11～实验 12。

在本书的编写过程中，作者参阅了国内外诸多同行的著作，在这里不再一一列举，在此向他们致以衷心的感谢。

感谢读者选择使用本书，限于作者学识水平，书中肯定存在着不妥之处，恳请读者批评指正。在使用本书时如需与作者商榷，或想索取其他相关资料，请与作者联系。电子邮件地址：bbxyguo@163.com。

郭有强

2016 年 2 月

目 录

第 1 部分 基础实验

实验 1 Visual C++ 6.0 集成开发环境

【实验目的】

1. 掌握在 Visual C++ 6.0 环境中编辑、编译、连接、运行一个 C 语言源程序文件的过程。
2. 通过运行和调试一个 C 程序，进一步熟悉 C 语言程序的结构及书写格式。
3. 初步了解输入/输出函数 printf 与 scanf 的使用方法。

【实验准备】

1. 了解 Visual C++ 6.0 集成环境的启动和退出。
2. 了解 Visual C++ 6.0 集成环境各窗口的切换与集成环境的设置。
3. 掌握 C 语言源程序的结构特点与书写规范。

【实验步骤】

1. 熟悉 Visual C++ 6.0 编程环境并输入、运行一个新程序。
2. 打开一个已存在的程序并对其进行修改。
3. 调试运行下列程序并改正其中的错误。

【实验内容】

1. 熟悉 Visual C++ 6.0 编程环境并输入、运行一个新程序

（1）启动 Visual C++ 6.0 环境

方法：单击“开始→程序→Microsoft Visual studio 6.0→Microsoft Visual C++ 6.0”命令，启动 Visual C++6.0，主窗口如图 1.1 所示。

（2）编辑源程序文件

① 选择“File→New”菜单项，弹出“New”对话框。

②“Files”选项卡；再选取“C++ Source File”选项，在右侧的“File”文本框中给文件起个名字，如 test.c（扩展名若不写，将默认建立 C++源程序文件），在“Location:”文本框中可以设置文件存放的路径，单击“OK”按钮，如图 1.2 所示。

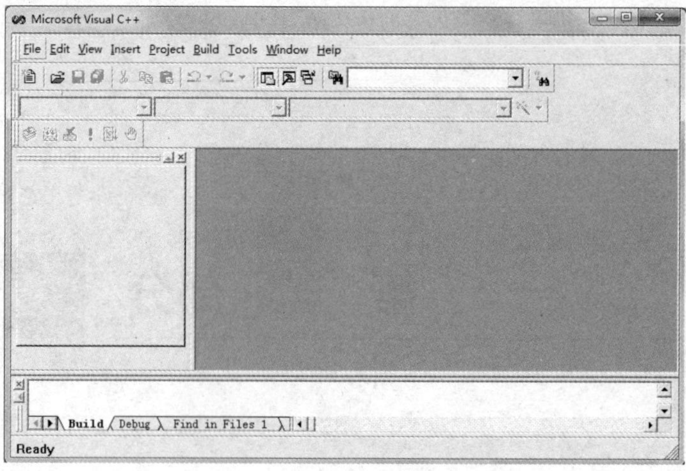

图 1.1　Visual C++ 6.0 运行环境

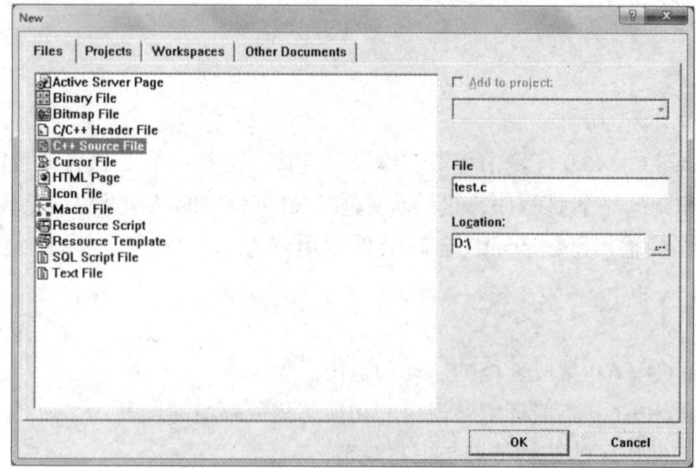

图 1.2　新建对话框

③ 此时可以看到右侧空白区域即为该文件的编辑区。在该区域内输入程序代码，如图 1.3 所示。

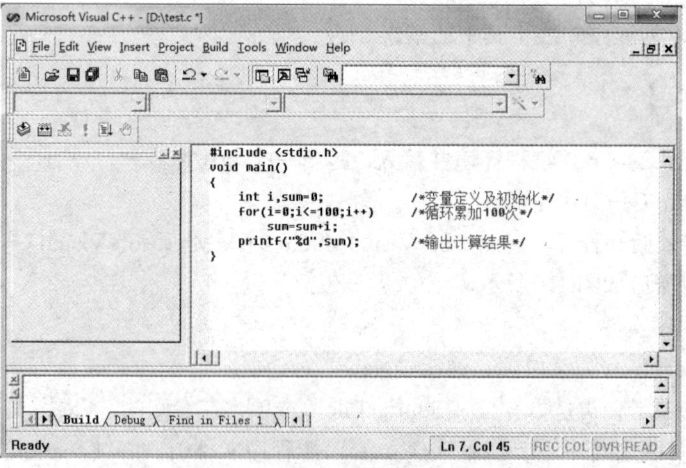

图 1.3　编辑 test.c 源程序文件

（3）编译

方法一：选择“Build→Compile test.c”菜单命令。

方法二：单击工具栏上的“Compile”按钮进行编译（或按“Ctrl+F7”组合键）。

编译是指编译器把 C 语言源程序翻译成二进制目标程序。目标程序文件的主文件名与源程序的主文件名相同，扩展名为“.obj”。如果在编译的过程中出现语法错误，则在输出区窗口中显示错误信息，给出错误的性质、出现位置和错误的原因等。如果双击某条错误，编辑区窗口右侧出现一个箭头，指示出现错误的程序行。用户据此对源程序进行相应的修改，并重新编译，直到通过为止，如图 1.4 所示。

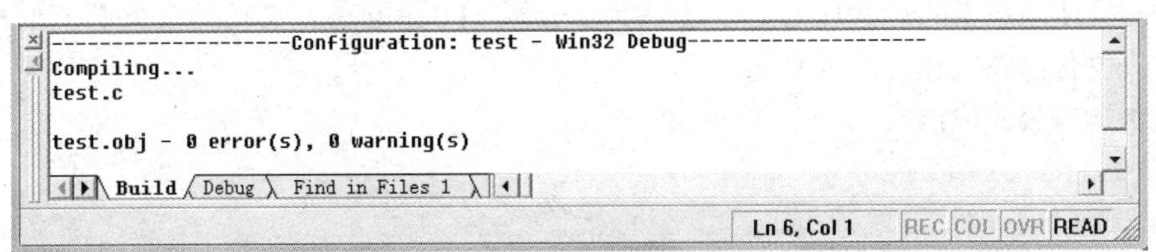

图 1.4　编译成功提示

（4）连接

编译成功后的目标程序仍然不能运行，需要用连接程序将编译过的目标程序和程序中用到的库函数连接装配在一起，形成可执行的目标程序。可执行文件的主文件名与源程序的主文件名相同，其扩展名为“.exe”。

方法一：选择“Build→Build test.c”菜单命令（或 F7）。

方法二：单击工具栏上的“Build”按钮进行连接（或 F7）。

如果连接正确，则在屏幕下方的输出窗口将会如图 1.5 所示。

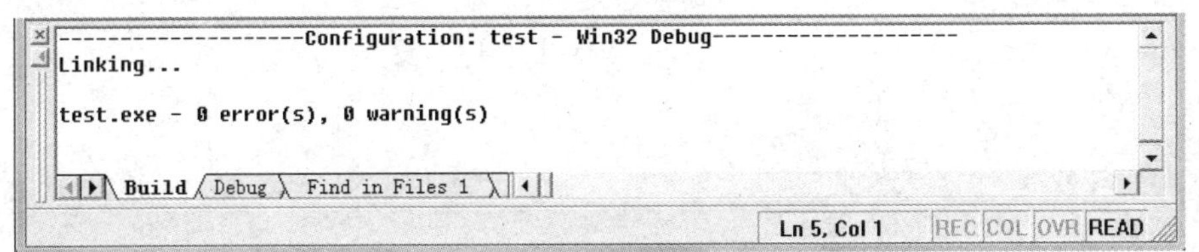

图 1.5　连接成功提示

（5）运行与调试

连接成功后，可以运行该程序。选择“Build→Execute test.exe”（或使用“Ctrl+F5”组合键）执行该文件，程序运行后将显示一个类似于 DOS 的窗口，在窗口中显示一行“5050”。

程序调试是指对程序的查错和排错。调试程序一般应经过以下几个步骤。

① 人工检查，即静态检查。在写好一个程序以后，不要匆匆忙忙上机运行，而应对程序进行人工检查，这一步是十分重要的，它能发现程序设计人员由于疏忽而造成的多处错误。为了更有效地进行人工检查，所编的程序应力求做到以下三点。

a. 采用结构化程序方法编程，以增加可读性。

b. 尽可能多地加注释，以帮助理解每段程序的作用。

c. 在编写复杂的程序时，不要将全部语句都写在 main 函数中，而要多利用函数；用一个函数来实现一个单独的功能。这样既易于阅读，也便于调试，各函数之间除用参数传递数据外，数据间应尽量少出现耦合关系，以便于分别检查和处理。

② 上机调试，即动态检查。在人工（静态）检查无误后，才可以上机调试。通过上机发现错误称之为动态检查。在编译时，系统会给出语法错误的信息（包括哪一行有错以及错误类型），用户可以根据提示的信息具体找出程序中出错之处并进行修改。

③ 运行程序，试验数据。在改正语法错误（包括“错误”error 和“警告”warning）后，程序经过连接（link）就得到可执行的目标程序。运行程序，输入程序所需数据，就可得到运行结果。应当对运行结果做分析，看它是否符合要求。有的初学者看到输出运行结果就认为没问题了，不做认真分析，这是不对的。

2. 打开一个已存在的程序并对其进行修改

（1）打开刚刚编辑的 C 程序 test.c，方法为：选择“File→Open...”命令，在打开的对话框中选择要打开文件的路径和文件名即可。

（2）把程序修改成：

```
#include <stdio.h>
void main()
{
    int i,sum=0;
    for(i=0;i<=100;i=i+2)
        sum=sum+i;
    printf("%d\n",sum);
}
```

（3）编译、运行程序，显示结果。

（4）把写好的程序用原来的文件名保存，方法是：选择“文件→保存”菜单命令（或者按 Ctrl+S 组合键）。

3. 调试运行下列程序并改正其中的错误

```
#include "stdio.h"
#define K 5                                   /* 定义符号常量 */
void main()
{
    int a,b,c;
    a=100;
    printf("\n Input b:")
    scanf("%d",b);                            /* b 前面缺少& */
    c=a+b+K;
    printf("result=%d",c)                     /* 行尾加分号 */
                                              /* 缺少“}” */
```

（1）关键字及编译预处理命令用小写字母书写，程序由函数组成。
（2）一个完整的程序模块要用一对花括号包括。
（3）不能在变量名、函数名、关键字中插入空格和空行。
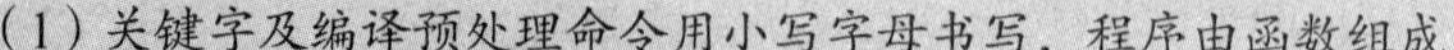
（4）程序中用/*…*/括起来的内容是程序的注释。
（5）C 程序中以分号作为语句的结束符。

【思考与练习】

1. 设圆半径 r=1.5，求圆周长。

2. 编写程序，读入3个整数a、b、c，然后交换它们中的数，把a中原来的值给b，把b中的值给c，把c中的值给a，并将结果a、b、c输出。

实验2　C语言程序设计基础

【实验目的】

1. 掌握C语言的各种数据类型及其变量的定义方法、赋值方法。
2. 掌握数据类型转换规则。
3. 掌握控制台输入输出函数。
4. 掌握各种运算符运算规则，特别是自增自减运算符。
5. 进一步熟悉C程序的编辑、编译、连接和运行的过程。

【实验准备】

1. 复习数据类型和算术运算符的有关概念，掌握其定义方法。
2. 复习各种类型数据的输入输出方法，正确使用各种格式转换符。
3. 复习常用的算术运算符。

【实验步骤】

1. 编辑源程序。
2. 对源程序进行编译并调试程序。
3. 连接并运行程序。
4. 检查输出结果是否正确。

【实验内容】

1. 分析有关字符型和整型通用的程序

知识点说明：

① 在C语言中，字符型数据是以字符的ASCII码形式存放在计算机中的，因此字符型数据和整型数据可以混合运算。

② 对整型和字符型数据，可以通过格式控制符限定其输出方式。

程序代码如下：

```
#include "stdio.h"
void main()
{
    char c1,c2;
    int x;
    c1=97;
    c2='b';
    x=c1+c2-128;
    printf("%c %c\n",c1,c2);                /*以字符形式输出*/
    printf("%d %d\n",c1,c2);                /*转换为整数形式输出*/
```

```
        printf("%d %c\n",x,x);          /*输出 x*/
    }
```

程序运行结果：

```
a b
97 98
67 C
```

程序说明：

① 程序中 c1 和 c2 都是字符型变量，但是它们分别被赋值为整数和字符，这是允许的，因为字符型和整型可以通用，它们本质上存储的都是整数。

② 程序中 c1+c2-128 是字符型和整型数据的混合运算，在计算时，字符以其 ASCII 码参与运算。

③ 思考：将 x= c1+c2-128 改成 x=c1+c2 后会得到什么结果？为什么？

2. 分析转义字符在程序中的应用

知识点说明：

① 转义字符必须以反斜杠"\"开头，转义字符有特定的含义。

② 一个转义字符对应一个字符。

③ 转义字符用于表示 ASCII 字符集中不可打印的控制字符和特定功能的字符。

```
#include "stdio.h"
void main()
{
    printf("---------------*\r*\n");          /*使用了\r 回到行首*/
    printf("\tOA\bK\n");                      /*使用了\b 退格*/
    printf("#---------------#\n");            /*使用了\n 回车*/
    printf("\tABC\tDEF\tGHI\n");              /*使用了\t 跳到下一个制表位*/
    printf("ab\n\077\\\"");                   /*使用\n 回车换行*/
}
```

程序运行结果：

```
*---------------*
        OK
#---------------#
        ABC         DEF      GHI
ab
?\"
```

程序说明：

① 第一行输出语句先输出了“---------------*”，然后通过转义字符'\r'回到行首输出了第一个字符'*'。

② 第二行输出语句在输出“OA”后遇到了转义字符'\b'，因此退格删去了'A'。

③ 最后一行中'\077'是一个八进制数代表的字符，77 对应的八进制数是 63，而 ASCII 码为 63 的字符为'?'，后面的'\\'输出一个'\'，' \" '输出一个' " '。

3. 分析输入输出函数的用法

知识点说明：

① 使用 scanf 和 printf 函数输入和输出数据时要注意格式字符是否与数据的类型相对应。

② 使用 putchar 函数一次只能输出一个字符。

程序代码如下：

```
#include "stdio.h"
void main()
{
    int a,b,c;
    float x=67.8564,y=-789.124;
    char C='A';
    long n=1234567;
    unsigned u=65535;
    printf("以下程序演示输入输出函数的用法：\n");
    scanf("%d%d%d",&a,&b,&c);
    putchar('?');
    putchar('\t');
    putchar(C+32);
    putchar(a);
    putchar('\n');
    printf("%d%d\n",a,b);
    printf("%c%c\n",a,b);
    printf("%3d%3d\n",a,b);
    printf("%f,%f\n",x,y);
    printf("% -10f ,% -10f \n",x,y);
    printf("% 8.2f ,% 8.2f ,% .4f ,% .4f ,% 3f ,% 3f \n",x,y,x,y,x,y);
    printf("%e,%10.2e\n",x,y);
    printf("%c,%d,%o,%x\n",c,c,c,c);
    printf("%ld,%lo,%lx\n",n,n,n);
    printf("%u,%o,%x,%d\n",u,u,u,u);
    printf("%s,%5.3s\n","COMPUTER","COMPUTER");
}
```

程序运行结果：

以下程序演示输入输出函数的用法：

```
65 67 67
?       aA
6567
AC
 65 67
67.856400,-789.124023
 67.856400 ,-789.124023
   67.86 , -789.12 , 67.8564 ,-789.1240 , 67.856400 ,-789.124023
6.785640e+001,-7.89e+002
C,67,103,43
1234567,4553207,12d687
65535,177777,ffff,65535
COMPUTER,  COM
```

程序说明：

① 在需要用户输入数据时，程序中应该有提醒用户输入的提示。

② 思考：scanf("%d%d%d",&a,&b,&c);若改为 scanf("a=%d,b=%d,c=%d",&a,&b,&c);，则应如何输入数据？这种输入方式是否合适？

4. 分析并体会自增自减运算符运算规则

知识点说明：

① 自增和自减运算符在不参与其他运算时，运算的结果就是对变量值增加或减少 1。

② 自增和自减运算在参与其他运算时，前缀形式先将变量值增加或减少 1 以后再参与运算，

后缀形式将先取出变量的值参与运算后再将变量的值增加或减少 1。

③ 无论是前缀，还是后缀形式，整个表达式计算结束后，做自增或自减的变量值一定会增加或减少 1。

程序代码如下：

```
#include "stdio.h"
void main()
{
    int a=5,b=3,c1,c2;
    a++;                        /*变量 a 的值增加 1，变为 6*/
    --b;                        /*变量 b 的值减少 1，变为 2*/
    c1=++a+b;                   /*变量 a 的值先自增 1 再与 b 相加*/
    c2=c1---a/b;                /*变量 c1 的值先与 a/b 相减后再自减 1*/
    b=++a+b+c1--+c2;            /*变量 a 的值先自增 1 参与运算,变量 c1 的值先参与运算再自减 1*/
    printf("a=%d\nb=%d\nc1=%d\nc2=%d\n",a,b,c1,c2);
}
```

程序运行结果：

```
a=8
b=24
c1=7
c2=6
```

程序说明：

① 执行 a++后 a 的值为 6，执行--b 后，b 的值为 2，执行 c1=++a+b 时先将 a 的值自增 1 变为 7，再和 b 相加，因此 c1 的值为 9，执行 c2=c1---a/b 时先将 c1 的值取出减去 a/b 的值，即 9-7/2 得 6，然后 c1 的值自减 1 为 8，执行 b=++a+b+c1--+c2 时先将 a 的值为 8，再和 b、c1 和 c2 相加，因此 b 的值为 8+2+8+6=24，然后 c1 的值自减 1 得 7。

② 思考：如果将 a 或 b 的类型修改为 float 类型，结果与现在是否相同？

③ 思考：如果将 b=++a+b+c1--+c2 改为 b=++a+b+--c+c2，结果是什么？

5. 分析以下类型混合运算的程序

知识点说明：

① 若参与运算的数据类型不同，则先转换成同一类型，然后进行运算，转换由编译系统自动完成。

② 转换数据始终往存储长度增加的类型方向进行，因此若数据中存在 double 类型，则结果一定为 double 类型。

程序代码如下：

```
#include "stdio.h"
void main()
{
    int a=7,b=3; char c1='a',c2=66;
    float x=12.25;
    double y=1.3333333333;
    long d=5432789;
    a=x+b*x+y/2-d%(c1-c2);           /*各种类型数据混合运算，先转换后运算*/
    printf("a=%d, b=%d,c1=%c\n",a,b,c1);
    printf("d=%ld, x=%f, y=%10.2f\n",d,x,y);
}
```

程序运行结果：

```
a=41, b=3,c1=a
d=5432789, x=12.250000, y=     1.33
```

程序说明：

执行 a=x+b*x+y/2-d%(c1-c2)时，实际上是 12.25+3*12.25+1.3333333333/2-5432789%(97-66) = 41.66666666，但是 a 是整数，因此最后 a 的值是 41。

6. 分析下列程序的运算结果

知识点说明：

①（表达式 1）&&（表达式 2），如果表达式 1 为假，则表达式 2 不会进行运算，即表达式 2 “被短路”。

②（表达式 1）||（表达式 2），如果表达式 1 为真，则表达式 2 不会进行运算，即表达式 2 “被短路”。

程序代码如下：

```
#include <stdio.h>
void main()
{
        int a=5,b=6,c=7,d=8,m=2,n=2;
        (m=a>b)&&(n=c>d);                        /*短路运算*/
        printf("%d\t%d\n",m,n);
        (m=a<b)||(n=c>d);                        /*短路运算*/
        printf("%d\t%d\n",m,n);
}
```

程序运行结果：

```
0       2
1       2
```

程序说明：

① 执行(m=a>b)&&(n=c>d)时，m=a>b 为假，整个表达式的值必为假，因此 n=c>d 不会执行，即最后 n 的值仍然为 2。

② 执行(m=a<b)||(n=c>d)时，m=a<b 为真，整个表达式的值必为真，因此 n=c>d 不会执行，即最后 n 的值仍然为 2。

③ 思考：若程序中的两个表达式分别改为(m=a>b)||(n=c>d)和(m=a<b)&&(n=c>d)，最后 m 和 n 的值是什么？

【思考与练习】

1. 指出下面的是标识符、关键字，还是常量。

```
 abc, 2,  struct, "opiu", 'k', "k", false, bnm,
true, 0xad, 045, if , goto
```

2. 判断对错。

（1）如果 a 为 false，b 为 true，则 a&&b 为 true。

（2）如果 a 为 false，b 为 true，则 a||b 为 true。

3. 请指出下列各项中合法的表达式，如合法，则指出是哪一种表达式。

%h，b*/c，3+4，3>=(k+p)，z&&(k*3)，!mp，5%k，a==b，(d=3)>k

4. 若 x 为 int 型变量，则执行以下语句后 x 的值是____。

```
x=9;
```

```
x+=x-=x+x;
```

5. 编程题。

用 getchar 函数读入两个字符 c1,c2，然后分别用 putchar 函数和 printf 函数输出这两个字符，并思考以下问题。

（1）变量 c1,c2 应定义为字符型或整型？还是二者皆可？

（2）要求输出 c1 和 c2 的 ASCII 码，应如何处理？用 putchar 函数，还是 printf 函数？

实验 3　程序流程控制

【实验目的】

1. 掌握关系运算符、逻辑运算符及其表达式的正确使用。
2. 掌握 if 语句和 switch 语句的用法。
3. 掌握 while、do-while、for 循环的语法结构与应用。
4. 掌握 while、do-while 循环的区别。

【实验准备】

1. 掌握选择结构和循环结构的基本用法。
2. 掌握 if 语句与 switch 语句的异同点。
3. 掌握三种循环语句的区别。
4. 理解嵌套循环的执行过程。

【实验步骤】

1. 在 Visual C++ 6.0 环境下完成程序的编辑、编译、运行，获得程序结果。
2. 采用 Visual C++ 6.0 程序调试基本方法协助查找程序中的逻辑问题。

【实验内容】

（1）输入 1～12 的任意数字，程序按照用户的输入输出相应的月份英文。

知识点说明：

① switch 结构中每个 case 后的值必须是常量且值不能重复。

② case 后的语句序列中若没有 break 语句，则继续执行下一个 case 后的语句。

程序代码如下：

```
#include "stdio.h"
void main()
{
    int month;
    scanf("%d",&month);
    switch(month)
    {
        case 1:printf("January\n");break;
        case 2:printf("February\n");break;
        case 3:printf("March\n");break;
```

```
        case 4:printf("April\n");break;
        case 5:printf("May\n");break;
        case 6:printf("June\n");break;
        case 7:printf("July\n");break;
        case 8:printf("Augest\n");break;
        case 9:printf("September\n");break;
        case 10:printf("Ocotober\n");break;
        case 11:printf("November\n");break;
        case 12:printf("December\n");break;
        default:printf("error!\n");break;
    }
}
```

程序运行结果：

```
7
July
```

程序说明：

① 本例根据输入的月份值判断执行哪个 case 后的语句，如输入 7，则执行 case 7 后的语句输出 July。程序中每个 case 后均有 break 语句，因此无论输入什么值，只会输出其对应的月份单词或错误提示。

② 思考：是否可以去掉 default 后的 break 语句？若将 default 放在 case 1 的前面，是否可以去掉 default 后的 break 语句？为什么？

（2）企业发放的奖金根据利润提成。利润 I 低于或等于 10 万元时，奖金可提 10%；利润高于 10 万元，低于 20 万元时，低于 10 万元的部分按 10%提成，高于 10 万元的部分，可提成 7.5%；20 万元到 40 万元时，高于 20 万元的部分，可提成 5%；40 万元到 60 万元时，高于 40 万元的部分，可提成 3%；60 万元到 100 万元时，高于 60 万元的部分，可提成 1.5%；高于 100 万元时，超过 100 万元的部分按 1%提成，从键盘输入当月利润 I，求应发放奖金总数。

知识点说明：

当需要解决的问题需分为多种情况分别处理时，应考虑使用多分支 if 语句。

程序代码如下：

```
#include "stdio.h"
void main()
{
    long int i;
    double bonus1,bonus2,bonus4,bonus6,bonus10,bonus;
    scanf("%ld",&i);
    bonus1=100000*0.1;                    /*计算 10 万元的提成数*/
    bonus2=bonus1+100000*0.75;            /*计算 20 万元的提成数*/
    bonus4=bonus2+200000*0.5;             /*计算 40 万元的提成数*/
    bonus6=bonus4+200000*0.3;             /*计算 60 万元的提成数*/
    bonus10=bonus6+400000*0.15;           /*计算 100 万元的提成数*/
    if(i<=100000)
        bonus=i*0.1;
    else if(i<=200000)
        bonus=bonus1+(i-100000)*0.075;
    else if(i<=400000)
        bonus=bonus2+(i-200000)*0.05;
    else if(i<=600000)
        bonus=bonus4+(i-400000)*0.03;
```

```
    else if(i<=1000000)
        bonus=bonus6+(i-600000)*0.015;
    else
        bonus=bonus10+(i-1000000)*0.01;
    printf("bonus=%f ",bonus);
}
```

程序运行结果：

```
250000
bonus=87500.000000
```

程序说明：

① 本例用 bonus1、bonus2、bonus4、bonus6 和 bonus10 分别计算出在利润为 10 万元、20 万元、40 万元、60 万元和 100 万元时应得的提成，然后再根据实际利润值计算超出以上各情况部分的提成。若利润为 25 万元，则满足条件 bonus>200000 且 bonus≤400000，因此最后的提成为 bonus=bonus2+(i-200000)*0.05。

② 思考：用 switch 语句改写本程序如何实现?

（3）用三种循环结构，求 1000 以内奇数的和。

知识点说明：

① while、do-while 和 for 三种循环可以用来处理同一个问题，通常可以互相代替。

② while 和 do-while 循环，循环体中应包括使循环趋于结束的语句，否则循环会永远执行下去。

③ 用 while 和 do-while 循环时，循环变量初始化的操作应在 while 和 do-while 语句之前完成，而 for 语句可以在表达式 1 中实现循环变量的初始化。

程序代码如下：

```
/*for结构*/
#include "stdio.h"
void main()
{
    int i;
    long sum=0;                         /*初始化求和变量*/
    for(i=1;i<=1000;i+=2)               /*使用循环取所有的奇数*/
        sum=sum+i;                      /*对所有的奇数求和*/
    printf("sum=%ld\n",sum);
}
/*while结构*/
#include "stdio.h"
void main()
{
    int i;
    long sum=0;                         /*初始化求和变量*/
    i=1;
    while(i<=1000)                      /*使用循环取所有的奇数*/
    {
        sum=sum+I                       /*对所有的奇数求和*/
        i+=2;
    }
    printf("sum=%ld\n",sum);
```

```
}
/*do-while结构*/
#include "stdio.h"
void main()
{
    int i=1;
    long sum=0;                             /*初始化求和变量*/
    do{
        sum=sum+i;                          /*对所有的奇数求和*/
        i+=2;
    }while(i<=1000);                        /*使用循环取所有的奇数*/
    printf("sum=%ld\n",sum);
}
```

程序运行结果：

```
sum=250000
```

程序说明：

① 本例求1000以内的奇数之和,因此只需使用循环结构将从1开始的1000以内所有奇数相加即可，只加奇数，因此循环变量每次增加2。

② 思考：将以上程序循环条件中的i≤1000改为i<1000是否可以？为什么？

（4）求3～100内的所有素数之和。

知识点说明：

① 在一个循环体内包含另一个完整循环的结构，称为循环的嵌套。

② 内层循环和外层循环均可以使用三种循环结构的任意一种。

程序代码如下：

```
#include "stdio.h"
void main()
{
    int m,n,sum=0;
    m=3;
    while(m<100)                    /*取3～100之间的所有奇数逐个判断*/
    {
        for(n=2;n<=m/2;n++)         /*判断m是否是素数*/
            if (m%n==0) break;
        if(n>m/2)
            sum+=m;
        m+=2;
    }
    printf("sum=%ld\n",sum);
}
```

程序运行结果：

```
sum=1058
```

程序说明：

① 教材中已经介绍了判定一个数m是否为素数的方法，即测试在2到m/2中是否有可以整除（余数为0）m的数n。若能找到n，则m不是素数；若找不到，则m为素数。因此可以使用一个循环穷举2到m/2之间的数n除m，若在此过程中找到一个可以整除m的数n，则该数不是素数。这里仅需将3～100内的所有数采用同样的方法通过循环逐个判断，将得到的素数

累加求和。

② 外层循环 m 的值每次递增 2，是因为为了减少判断次数，只需判断奇数。

【思考与练习】

1. 下面是从 3 个数中取大数的程序，调试并改正之。

```
#include "stdio.h"
void main()
{
int x,y,z,max;
printf("input three numbers:\n");
max=x;
scanf("%d%d%d",x,y,z);
if(z>y)
        if(z>x) max=z;
    else
        if(y>x) max=y;
    printf("%d\n",max);
}
```

2. 下列程序的主要功能是计算并输出(1)*(1+2) *(1+2+3)*(1+2+3+4) *…*(1+2+…+10)，将程序中横线处缺少部分填上。

```
#include "stdio.h"
void main()
{
    float______,x;
    int i,j;
    for(i=1;i<11;i++)
    {
        ______;
        for(j=1; j<=i;j++) ______;
        y=y*x;
    }
    printf("%f\n",y);
}
```

3. 下面程序的运行结果是______。

```
#include "stdio.h"
void main()
{
    int i,j,s=0;
    for(i=5,j=1;i>j;i--,j++)
        s+=i*10+j;
    printf("s=%d\n",s);
}
```

实验 4　数组（1）

【实验目的】

1. 掌握一维数组和二维数组的定义、引用和初始化的方法。
2. 掌握一维数组和二维数组输入、输出的方法，能够利用数组来解决实际的问题。

3. 掌握冒泡排序法和选择排序法的算法，比较一下两者的不同点。

【实验准备】

1. 复习一维数组和二维数组的定义、引用和初始化方法。
2. 复习冒泡排序和选择排序的算法思想，以及循环语句的基本知识。
3. 读懂调试程序题和程序填空题，在上机前把答案写出来；编程题代码事先在稿纸上编写，上机时一并进行调试。

【实验步骤】

1. 新建一个源程序，编辑相关的程序。
2. 调试、运行该程序，并理解实验结果，回答实验过程中的问题。
3. 完成思考与练习。

【实验内容】

1. 输入下列程序并且调试运行

（1）从键盘上输入 10 个整型数据，输出所有偶数并计算偶数和。

知识点说明：

① 数组定义。需要定义一个存放 10 个数据的数组 a[10]。

② 数组元素的引用。输入、输出和使用数组元素时，不可以引用整个数组，需要通过下标逐个引用数组中的元素，下标的变化范围为 0～9，可以采用循环语句实现。

程序代码如下：

```
#include <stdio.h>
void main()
{
    int i,sum,a[10];                      /*定义数组 a 和变量 sum、i*/
    sum=0;                                /*存储偶数和的变量 sum 赋初值为 0*/
    printf("请输入 10 个整数:");
    for(i=0;i<=9;i++)                     /*输入数组元素的值*/
        scanf("%d",&a[i]);
    printf("偶数为:\n");
    for(i=0;i<=9;i++)                     /*输出并计算偶数的和*/
        if(a[i]%2==0)                     /*判断是否是偶数*/
        {
                printf("%3d",a[i]);
                sum=sum+a[i];
        }
    printf("\n 偶数和为:%d\n",sum);        /*输出偶数的和*/
}
```

程序运行结果：

```
请输入 10 个整数:1 8 19 20 5 6 12 17 4 28
偶数为数:
  8 20  6 12  4 28
偶数和为:78
```

程序说明：

① 程序中定义了包含 10 个元素的数组 a，数组元素的下标范围从 0 到 9，使用循环语句逐个输入数组元素，并判断该元素是否是偶数，如果条件成立，则输出该元素并进行求和计算，最后输出求得的偶数之和。

② 输入数组元素时，可以使用空格和回车作为间隔符。

③ 数组的输入和数组中元素是否偶数的判断，可以合并为一个循环语句，合并后格式如下。

```
for(i=0;i<=9;i++)
{
    scanf("%d",&a[i]);                    /*输入数组元素 a[i]的值*/
    if(a[i]%2==0)                         /*输出并计算偶数的和*/
    {
        printf("%3d",a[i]);
        sum=sum+a[i];
    }
}
```

④ 思考：若程序采用上述实现方式，即合并为一个循环语句实现时，输入数组元素时使用空格和回车作为间隔符，程序运行结果有何不同？

（2）从键盘上输入任意 10 个整数，将其按从小到大顺序排序，然后再输入一个整数，将其插入到该数组中，要求在插入数据后数组仍然保持有序。

知识点说明：

① 为使操作数组过程更符合用户日常习惯，将数组定义为 a[11]，a[0]元素不用。

② 对数组中元素排序，可以采用冒泡法排序和选择法排序来实现。

程序代码如下：

```
#include <stdio.h>
void main()
{
    int a[11],i,j,t,x;
    printf("请输入 10 个整数:");
    for(i=0;i<10;i++)                       /*输入 10 个用于排序的数组元素值*/
        scanf("%d",&a[i]);
    for(i=0;i<9;i++)                        /*控制数组元素排序的趟数*/
        for(j=0;j<9-i;j++)                  /*控制每趟排序数组元素比较的次数*/
            if(a[j]>a[j+1])                 /*比较相邻的两个数组元素*/
                {t=a[j];a[j]=a[j+1];a[j+1]=t;} /*交换相邻的两个数组元素值*/
    printf("排序后的 10 个数为:\n");
    for(i=0;i<10;i++)                       /*输出从小到大排序后的 10 个数组元素*/
        printf("%3d",a[i]);
    printf("\n 请输入需插入的数据:");
    scanf("%d",&x);
    for(i=9;i>=0;i--)                       /*从后往前逐个比较和移动数组元素值*/
        if(a[i]>x)
            a[i+1]=a[i];                    /*将 a[i]元素值后移一个位置*/
        else
            break;                          /*查找到元素 x 的插入位置后退出循环*/
        a[i+1]=x;                           /*插入数据 x*/
    printf("插入后的数据为:\n");
```

```
    for(i=0;i<11;i++)                           /*输出插入数据后的数组元素值*/
        printf("%3d",a[i]);
}
```

程序运行结果：

```
请输入 10 个整数:3 7 8 6 10 1 19 15 4 2
排序后的 10 个数为:
  1  2  3  4  6  7  8 10 15 19
请输入需插入的数据:5
插入后的数据为:
  1  2  3  4  5  6  7  8 10 15 19
```

程序说明：

① 程序中对数组的排序方法选择的是冒泡法排序，对相邻的数据两两比较并调整，将其中小的调到前面，大的调到后面。

② 向有序的数组中插入元素后仍保持有序，可以采用两种方法。第一种是首先查找元素的插入位置，然后将该位置及后面的元素按数组下标从大到小的顺序依次后移一个位置，最后将该元素插入到查找的位置上。第二种方式是从后向前，依次与当前元素值相比较，若比当前元素小，则插入位置应在该元素之前，因此将该元素后移；若比当前元素值大，则跳出循环，然后插入在当前元素的后面。本题采用第二种方法实现数据插入。

③ 思考：采用选择法排序，并使用第一种方法插入数据，程序将如何实现？

（3）输入 3 个学生的 4 门课程的考试成绩，编写程序计算并输出每个学生的平均分和每门课程的平均分。

知识点说明：

① 数组定义。需要定义一个二维数组 score[3][4]存放 3 个学生的 4 门课程考试成绩，定义一个一维数组 sv[3]存放 3 个学生的平均成绩，cv[4]存放 4 门课程的平均成绩。

② 二维数组也是每次只能引用一个元素，每个元素引用时都有两个下标。从键盘上逐个输入二维数组中的各元素值时，需要使用双重循环语句完成。

程序代码如下：

```
#include <stdio.h>
void main()
{
    float score[3][4],sv[3],cv[4];      /*定义二维数组 score 和一维数组 sv、cv*/
    int i,j;
    printf("输入 3 个学生的 4 门课程的成绩:\n");
    for(i=0;i<3;i++)                    /*输入 3 个学生的 4 门课程的成绩*/
      for(j=0;j<4;j++)
        scanf("%f",&score[i][j]);
    for(i=0;i<3;i++)
    {
       sv[i]=0;                         /*每个学生的总成绩清零*/
       for(j=0;j<4;j++)                 /*计算每个学生的总成绩*/
       sv[i]=sv[i]+score[i][j];
       sv[i]=sv[i]/4;                   /*计算每个学生的平均成绩*/
    }
    for(i=0;i<4;i++)
    {
```

```
        cv[i]=0;                              /*每门课程的总成绩清零*/
        for(j=0;j<3;j++)                      /*计算每门课程的总成绩*/
            cv[i]=cv[i]+score[j][i];
        cv[i]=cv[i]/3;                        /*计算每门课程的平均成绩*/
    }
    printf("学生       课程 1   课程 2   课程 3   课程 4   平均成绩\n");
    for(i=0;i<3;i++)                          /*输出每个学生的成绩、平均成绩*/
    {
        printf("学生%d  ",i+1);
        for(j=0;j<4;j++)
            printf("%8.2f",score[i][j]);
        printf("%8.2f\n",sv[i]);
    }
    printf("课程平均");
    for(i=0;i<4;i++)                          /*输出每门课程的平均成绩*/
        printf("%8.2f",cv[i]);
}
```

程序运行结果：

```
输入 3 个学生的 4 门课程的成绩：
80 90 78 89
76 95 88 60
67 89 70 98
学生       课程 1   课程 2   课程 3   课程 4   平均成绩
学生 1     80.00    90.00    78.00    89.00    84.25
学生 2     76.00    95.00    88.00    60.00    79.75
学生 3     67.00    89.00    70.00    98.00    81.00
课程平均   74.33    91.33    78.67    82.33
```

程序说明：

程序中首先定义了一个二维数组用于存放 3 个学生的 4 门课程的成绩，然后通过两层循环语句实现数据的输入，然后计算每个学生的平均分和每门课程的平均分，最后将学生的各门课程的成绩、平均成绩和每门课程的平均分输出。

2. 程序填空题

在某比赛中有 10 个评委对选手打分，分数为 1 到 10 分。编写程序计算选手的最终得分，计算规则：去掉一个最高分和一个最低分后其余 8 个分数的平均值。

程序代码如下：

```
#include <stdio.h>
void main()
{
    float a[10]={3,7.5,8,8,6,10,1,7.9,9.8,9};        /*定义并初始化一维数组 a*/
    float max,min,s;
    int i;
    max=a[0];
    min=a[0];
    ________;
    for(i=1;i<=9;i++)
    {
      if(________) max=a[i];
      if(min>a[i]) ________;
```

```
        s=s+a[i];
    }
    printf("最z终得分为:%.2f\n",________);            /*输出最终得分*/
}
```

【思考与练习】

1. 输入10个数字，找出最大值和最小值所在的位置，并把两者对调，然后输出调整后的10个数。

2. 编写程序，找出一个二维数组中的“鞍点”，“鞍点”是二维数组的一个元素，它是所在行的最大值并且是所在列的最小值，也可能没有“鞍点”，打印出有关信息。数组元素采用初始化赋值。

$$\begin{bmatrix} 10 & 80 & 120 & 41 \\ 90 & -60 & 96 & 9 \\ 240 & 3 & 107 & 89 \end{bmatrix}$$

实验5　数组（2）

【实验目的】

1. 掌握字符数组的定义、引用和初始化的方法。
2. 掌握字符数组输入和输出的两种不同格式说明符%c和%s的使用方法。
3. 掌握字符串处理函数的使用方法，能够利用相关函数解决相关问题。

【实验准备】

1. 复习字符数组的定义方法、初始化及元素的引用。
2. 复习字符串处理函数的基本使用方法。
3. 读懂调试程序题和程序填空题，在上机前把答案写出来；编程题代码事先在稿纸上编写，上机时一并进行调试。

【实验步骤】

1. 新建一个源程序，编辑相关的程序。
2. 调试、运行该程序，并理解实验结果，回答实验过程中的问题。
3. 完成思考与练习。

【实验内容】

1. 输入下列程序并且调试运行

（1）编写程序，统计字符串中大写字母、小写字母的个数。

知识点说明：

① 字符数组是类型为字符型的数组，该数组的每个元素都用来存放一个字符常量。

② 字符数组可以使用scanf或gets、printf或puts函数实现输入和输出操作。

③ 字符数组元素引用时通过下标逐个引用数组中的元素。

程序代码如下：

```
#include <stdio.h>
void main()
{
    char str[60];                                  /*定义字符数组 str*/
    int i,x=0,y=0;
    printf("请输入字符串:");
    scanf("%s",str);                               /*输入字符串存放到字符数组 str 中*/
    i=0;
    while(str[i]!='\0')
    {
        if(str[i]>='A' && str[i]<='Z')             /*判断当前字符是否是大写字母*/
            x++;
        else if(str[i]>='a' && str[i]<='z')        /*判断当前字符是否是小写字母*/
              y++;
        i++;
    }
    printf("大写字母:%d 个\n 小写字母:%d 个\n",x,y);
}
```

程序运行结果：

```
请输入字符串:dLK83dpJIUIK
大写字母:7 个
小写字母:3 个
```

程序说明：

① 程序中定义了字符数组，使用%s 接收字符串，并逐个判断是大写字母，还是小写字母。当满足大写、小写字母相应的条件时，对应的计数器加 1，直到遇到字符串的结束符'\0'结束循环，输出计数的结果。

② 程序中使用 scanf 接收字符串，该字符串中不可以包含空格。

（2）编写程序，将字符串中的大写字母转换为小写字母，小写字母转换为大写字母，其他字符不变。

知识点说明：

① 字符数组可以使用 scanf 或 gets、printf 或 puts 函数实现输入和输出操作。

② 字符数组元素引用时通过下标逐个引用数组中的元素。

③ 字符串处理函数，C 语言中提供了丰富的字符串处理函数，包括字符串连接函数（strcat）、字符串复制函数（strcpy）、求字符串长度函数（strlen）等。

```
#include <stdio.h>
#include <string.h>
void main()
{
    char ss[60];                          /*定义字符数组 ss*/
    int i;
    printf("请输入字符串:");
    gets(ss);                             /*输入字符串存放到字符数组 ss 中*/
    for(i=0;i<strlen(ss);i++)
    {
```

```
        if(ss[i]>='A' && ss[i]<='Z')        /*判断当前字符是否是大写字母*/
            ss[i]=ss[i]+32;
        else if(ss[i]>='a' && ss[i]<='z')   /*判断当前字符是否是小写字母*/
            ss[i]=ss[i]-32;
        else
            ss[i]=ss[i];
    }
    printf("转换后字符串:%s\n",ss);
}
```

程序运行结果：

```
请输入字符串:ad98JKID UDDss
转换后字符串:AD98jkid uddSS
```

程序说明：

① 程序中定义了字符数组，首先输入字符串，然后从第一个字符开始，逐个判断当前字符是大写字母，还是小写字母。当满足大写、小写字母相应的条件时，通过 ASCII 码的计算将其转换为对应的小写、大写字母，其他字符保持不变，直到字符串最后一个，即下标为 strlen(ss)-1 的字符结束，输出转换后的结果。

② 程序中使用 gets 接收字符串，该字符串中可以包含空格，只以回车作为字符串结束标志。

③ 判断字符串是否结束，可以通过求字符串长度函数（strlen）或当前字符是否为'\0'来进行判断。

2. 程序填空题

（1）编写程序，将字符数组 1 中的字符串拷贝到字符数组 2 中，实现 strcpy 函数的功能。

程序代码如下：

```
#include<stdio.h>
#include <string.h>
void main()
{
    char c1[80]="zhongguo anhui";                /*定义并初始化字符数组*/
    char c2[80];
    int i;
    for(i=0; _________;i++)
        _________;
    c2[i]='\0';
    printf("字符串:%s\n",c2);
}
```

（2）编写程序，输入 6 个字符串，输出其中最小的字符串。

程序代码如下：

```
#include <stdio.h>
#include <string.h>
void main()
{
    int i;
    char c[6][50],b[50];
    printf("请输入 6 个字符串:\n");
    for(i=0;i<6;i++)                          /*输入 6 个字符串*/
        scanf("%s",_________);
```

```
    ________;
    for(i=1;i<6;i++)
        if(________) strcpy(b,c[i]);
    printf("最小的字符串为:%s\n",b);
}
```

（3）编写程序，将字符串 str 逆序存放。

程序代码如下：

```
#include <stdio.h>
#include <string.h>
void main()
{
    char str[80], ______;
    int i,j;
    printf("请输入字符串:");
    gets(str);
    for(i=0, ______;i<j;i++,j--)
        k=str[j];str[j]=str[i];str[i]=k;
    printf("%s\n",str);
}
```

【思考与练习】

1. 有一篇文章，共有 4 行，每行有 50 个字符，要求分别统计其中英文大写字母、小写字母、数字、空格及其他的字符的个数。

2. 有一行电文，需要进行加密，加密规则如下：

```
A→Z    a→z
B→Y    b→y
C→X    c→x
...    ...
```

即第一个字母变成了第 26 个字母，第 i 个字母变成第（26-i+1）个字母。非字母字符不变。要求编程实现将输入的一行原文加密成密文，并输出原文和密文。

3. 编写程序，删除字符串中的某一个字符，字符串和删除的字符均由键盘输入。

4. 编写程序，删除字符串中重复的字符。

实验 6　函数

【实验目的】

1. 掌握函数定义、调用和声明的方法。
2. 掌握函数实参和形参的两种传递方法。
3. 掌握数组名作为实参时，实参和形参之间的传递方法。
4. 掌握函数的嵌套、递归调用方法和应用。
5. 掌握局部变量、全局变量和静态变量的定义和使用。

【实验准备】

1. 复习函数的定义、调用和声明的方法。
2. 复习函数实参和形参的两种传递方法。
3. 复习函数的嵌套、递归调用的方法。
4. 读懂调试程序题和程序填空题，在上机前把答案写出来；编程题代码事先在稿纸上编写，上机时一并进行调试。

【实验步骤】

1. 新建一个源程序，编辑相关的程序。
2. 调试、运行该程序，并理解实验结果，回答实验过程中的问题。
3. 完成思考与练习。

【实验内容】

1. 输入下列程序并且调试运行

（1）编写函数计算 x 的 n(n≥0)次方。

知识点说明：

① 函数定义。函数定义由函数首部和函数体组成，定义的函数可以是无参函数，也可以是有参函数。

② 函数调用和声明。函数调用是由函数名和实参组成的。若为无参函数，则不需要参数；若为有参函数，则调用时实参和形参在数量上、类型上、顺序上应严格一致。主调函数在被调函数的定义之前，一般需要对被调函数进行声明。

③ 参数的传递方式。参数的传递方式有值传递和地址传递方式。

程序代码如下：

```
#include <stdio.h>
void main()
{
    long power(int x,int n);                /*函数声明*/
    int x,n;
    long y;
    printf("请输入两个整数x、n(n>=0):");
    scanf("%d%d",&x,&n);
    y=power(x,n);                           /*调用函数power */
    printf("%d的%d次方=%ld\n",x,n,y);
}
long power(int x,int n)                     /*函数power的定义*/
{
    long s=1;
    if(n==0)
        s=1;                                /*n为0时结果为1*/
    else
    {
        int i;                              /*在复合语句中定义变量i*/
        for(i=1;i<=n;i++)                   /*n大于0时结果为n个x的乘积*/
```

```
            s=s*x;
        }
        return s;
    }
```

程序运行结果：

```
请输入两个整数 x、n(n>=0):3 2
3 的 2 次方=9
```

程序说明：

① 程序中定义了函数 power 用于求 x 的 n 次方，函数中定义了两个形参 x、n，函数调用时提供了两个实参 x、n，参数的传递方式为值传递，将实参 x、n 的值分别传递给形参 x、n，函数中计算的结果通过 return 语句返回到主函数中。

② 程序中调用函数 main 在被调函数 power 之前，因此在 main 函数中对 power 函数进行了声明，目的是使编译系统知道被调函数 power 返回值的类型，以便在 main 函数中按此种类型对返回值做相应的处理。

③ power 函数和 main 函数中均定义了同名的局部变量 x、n，但它们属于不同的变量。在 C 语言中，允许在不同的函数中使用相同的变量名，它们代表不同的对象，分配不同的单元，互不干扰，也不会发生混淆。在 power 函数中的复合语句中，定义了变量 i，该变量只在复合语句中有效。变量 i 的定义位置也可以放在 power 函数体的开始。

（2）编写函数实现将数组中的最大值和最小值所在的位置进行对调，其他元素不变。

知识点说明：

① 以数组名作为参数时，要求形式参数和相对应的实际参数为类型相同的数组，都必须有明确的数组说明语句。

② 以数组名作为参数时，采用的参数传递方式是地址传递。

程序代码如下：

```
#include <stdio.h>
void swap(int a[],int n)
{
    int i,x,y,t,max,min;
    max=a[0];x=0;                 /*设 a[0]为最大值,最大值所在下标为 0**/
    min=a[0];y=0;                 /*设 a[0]为最小值,最小值所在下标为 0*/
    for(i=1;i<n;i++)
    {
        if(max<a[i])
        {
            /*若 a[i]大于最大值，则 a[i]为最大值，i 为最大值所在下标*/
            max=a[i];x=i;
        }
        if(min>a[i])
        {   /*若 a[i]小于最小值，则 a[i]为最小值，i 为最小值所在下标*/
            min=a[i];y=i;
        }
    }
    t=a[x];                       /*交换最大值和最小值的位置*/
    a[x]=a[y];
    a[y]=t;
}
```

```
void main()
{
    int a[10];                          /*定义一维数组 a*/
    int i;
    printf("请输入 10 个整数:");
    for(i=0;i<=9;i++)                   /*输入数组元素的值*/
        scanf("%d",&a[i]);
    swap(a,10);
    printf("交换后的数据为: \n ");
    for(i=0;i<=9;i++)                   /*输出数组元素的值*/
        printf("%3d",a[i]);
}
```

程序运行结果：

```
请输入 10 个整数: 7 3 9 78 6 45 10 8 1 20
交换后的数据为:
7  3  9  1  6 45 10  8 78 20
```

程序说明：

① 程序中定义的函数 swap，为无返回值的函数，有两个形式参数分别是数组 a 和变量 n，以数组名作为形参时，实参也必须是数组名，形参 n 用于接收数组中元素的个数，函数中首先求得最大值和最小值以及其所在的下标，然后将最大值和最小值所在下标对应的元素进行交换。

② 在用数组名作函数参数时，采用的是地址传递方式，函数调用时会把实际参数数组的首地址赋予形式参数数组名。形式参数数组名取得该首地址之后，也就等于获得了实在的数组，而且在被调函数中对数组元素的修改可以传递回主调函数中。因此在 main 函数中输出数组元素时，为交换后的结果。

（3）编写函数，用递归的方法实现，将一个十进制转换为八进制。

知识点说明：

① 函数的递归调用是指在调用一个函数的过程中直接或间接调用该函数本身。

② 递归函数定义时，为了防止该递归函数调用时无终止地进行，必须在函数内有终止递归调用的手段。常用的办法是条件判断，满足某种条件后就不再做递归调用，然后逐层返回。

程序代码如下：

```
#include <stdio.h>
void convert(int n)           /*将十进制转换为八进制*/
{
    if(n>8)
        convert(n/8);         /*当大于 8 时，以整除的结果为实参继续调用当前函数*/
    printf("%d",n%8);         /*输出对 8 的余数*/
}
void main()
{
    int x;
    printf("请输入一个十进制整数:");
    scanf("%d",&x);
    printf("转换后的八进制为:");
    convert(x);
}
```

程序运行结果：

```
请输入一个十进制整数:23
转换后的八进制为:27
```

程序说明：

① 程序中定义了递归函数 fun，为无返回值的函数。调用函数时，判断当前数字 n 是否大于 8。若 n 大于 8，则以 n 整除 8 的结果作为实参继续调用函数 fun，直到当前数字小于 8 时，输出对 8 求余的结果。通过递归调用，使最后产生的余数最先输出，得到转换后的结果。

② 思考：如果利用函数将十进制转换为其他的进制，如八进制、十六进制等，函数格式修改为两个参数（需转换的十进制数及需转换为的进制），代码如何实现？

2．程序填空题

（1）已知 e=1+1/1!+1/2!+1/3!+…+1/n!，试用公式求 e 的近似值，要求累加所有不小于 10^{-6} 的项值。

程序代码如下：

```
#include <stdio.h>
long fun(int n)                     /*计算 n! */
{
    long k;
    if(n==1) k=1;
    else __________;
    return k;
}
float sum()                         /*计算和*/
{
    int i;
    float e,n;
    e=0.0;
    i=1;
    n=1.0;
    while(__________)
    {
      n=__________;
      i++;
      e=e+n ;
    }
    return e;
}
void main()
{
    float e;
    e=__________;
    printf("e=%f\n",e);
}
```

（2）用静态变量方法计算 1+(1+2)+(1+2+3)+…+(1+2+3+…+n)。

程序代码如下：

```
#include <stdio.h>
int sum(int n)
{
    static int s=0;
    __________;
```

```
    return s;
}
void main()
{
    int i,x,s=0;
    printf("请输入一个整数:");
    scanf("%d",&x);
    for(i=1;i<=x;i++)
      s=s+__________;
    printf("s=%d\n",s);
}
```

【思考与练习】

1. 编写函数将一个十六进制字符串转换为十进制数字。

2. 编写函数判断输入的这个整数是否为素数。若是素数，函数返回 1，否则返回 0。

3. 已有字符串“hello,friend!”，要求编写两个函数，用嵌套的方法交替输出字符串中的字符。例：f1()先输出 h，f2()再输出 e，f1()再输出 l……

4. 编写函数判断一个数字是否是水仙花数。若是水仙花数，函数返回 1，否则返回 0。

5. 编写函数输出以下序列：2，2，4，6，10，16，26，42，68，110…中的第 n 个数，要求在主函数中从键盘输入序列中数据的个数 n 和输出第 n 个数字。

6. 编写函数，实现两个字符串的连接，要求不使用字符串连接函数。

实验 7　指针（1）

【实验目的】

1. 掌握指针的基本概念和基本用法，包括：变量的地址和变量的值，指针变量的定义、指针变量的初始化、指针的内容与定义格式、指针的基本运算等。

2. 掌握数组与指针的关系并能够利用指针解决数组的相关问题。

3. 掌握指针与函数的关系并能够利用指针处理函数问题。

【实验准备】

1. 复习和掌握指针及指针数组的基本概念和用法。

2. 读懂调试程序题和程序填空题，在上机前把答案写出来；编程题代码事先在稿纸上编写，上机时一并进行调试。

3. 对程序调试中可能出现的问题应事先做出估计。

【实验步骤】

1. 在调试程序过程中，注意观察并记录编译和运行的错误信息，将程序调试正确。

2. 理解实验结果，并回答实验过程中的问题。

3. 完成思考与练习。

【实验内容】

1. 输入下列程序并调试运行

（1）用指针完成：输入 10 个整数，将其中最小的数与第一个数对换，最大的数与最后一个数对换。

知识点说明：

① 用数组名作为函数参数时，数组名代表的是数组首元素地址，因此传递的是地址，所以要求形参为数组名或者为指针变量。

② 定义函数 void input(int a[])；程序编译时是将数组 a 按指针变量进行处理的，相当于将函数定义为 void input(int *a)。

程序代码如下：

```
#include <stdio.h>
void main()
{
    void input(int a[]);          /* 声明输入函数 */
    void exchange(int a[]);       /* 声明交换函数 */
    void output(int a[]);         /* 声明输出函数 */
    int a[10];
    input(a);                     /* 调用输入函数 */
    exchange(a);                  /* 调用交换函数 */
    output(a);                    /* 调用输出函数 */
}
void input(int a[])               /* 定义输入函数 */
{
    int i;
    printf("请输入 10 个数：\n");
    for(i=0;i<10;i++)
        scanf("%d",&a[i]);
}
void exchange(int a[])            /* 定义交换函数 */
{
    int *min=a,*max=a,*p,t,k;     /* 初始化指针 min 和 max 均指向 a[0] */
    for(p=a;p<=a+9;p++)           /* 循环过程中，查找最大和最小元素 */
    {
        if(*p>*max) max=p;        /* 不断修正 max 指向，使之始终指向最大元素 */
        if(*p<*min) min=p;        /* 不断修正 min 指向，使之始终指向最小元素 */
    }
    t=*max;*max=a[9];a[9]=t;      /* 最大元素与数组最后一个元素交换 */
    k=*min;*min=a[0];a[0]=k;      /* 最小元素与数组第一个元素交换 */
}
void output(int a[])              /* 定义输出函数 */
{
    int *p;
    printf("转换后的数组为：\n");
    for(p=a;p<=a+9;p++)
```

```
        printf("%d ",*p);
    printf("\n");
}
```

程序运行结果：

```
请输入 10 个数:
13 55 2 77 89 65 54 23 10 9
转换后的数组为:
2 55 13 77 9 65 54 23 10 89
```

程序说明：

① 程序使用 exchange 函数完成查询工作，利用循环查询最大与最小元素。max 与 min 指针不断修正其指向，始终记录下与*p 进行比较后的合适位置。

② 退出循环后，max 与数组最后一个元素交换，min 与数组首元素进行交换。

（2）编写函数 void fun(int *a,int n,int *odd,int *even)，分别求出数组中所有奇数之和以及所有偶数之和。形参 a 指向数组，n 为数组中元素的个数，利用指针 odd 和 even 返回奇数与偶数之和。

知识点说明：

① 如果用指针变量作为函数的实参，必须先使指针变量有确定值，指向一个已定义的对象。

② 实参数组名为数组的首地址，是一个常量，不可以自加或者自减，但是形参数组名是指针变量，可以自加或者自减。

程序代码如下：

```
#include <stdio.h>
#define N 20
void fun(int *a,int n,int *odd,int *even)
{
    int i;
    *odd=0;*even=0;         /* 初始化奇数与偶数的和为 0 */
    for(i=0;i<n;i++)        /* 循环判断数组中的奇数与偶数并分别求和 */
    {
        if(*a%2==1)
            *odd+=*a;       /* 是奇数，加到*odd 中 */
        else
            *even+=*a;      /* 是偶数，加到*even 中 */
        a++;                /* 指针 a 自加，指向数组中下一个元素的位置 */
    }
}
void main()
{
    int a[N]={1,9,2,3,11,6},i,n=6,odd,even;
    printf("The original data is:\n");
    for(i=0;i<n;i++)
        printf("%5d",*(a+i));                   /* 输出原数组 */
    printf("\n");
    fun(a,n,&odd,&even);                        /* 函数调用 */
    printf("The sum of odd numbers:%d\n",odd);
    printf("The sum of even numbers:%d\n",even);
}
```

程序运行结果：

```
The original data is:
```

```
  1   9   2   3  11   6
The sum of odd numbers:24
The sum of even numbers:8
```

程序说明：

① fun 函数中有三个指针，*a 指向的是主函数中传递过去的 a 数组的首地址，而*odd 与*even 两个指针分别指向的是主函数中的 odd 与 even 两个变量的地址。当 fun 函数调用结束时，*a、*odd 与*even 三个指针均随之销毁，但是对 odd 与 even 变量内容的改写会保持下去，直至主函数执行完毕。

② 程序中使用两个指针变量&odd 和&even 作函数形参，可以带回奇数与偶数的求和结果，认真体会这种编程方法。

2. 程序填空题

（1）找出三个整数中的最小值并输出。

```
#include "stdio.h"
#include "stdlib.h"
void main()
{
    int *a,*b,*c,num,x,y,z;
    a=&x;b=&y;c=&z;
    printf("输入 3 个整数: ");
    scanf("%d%d%d",a,b,c);
    printf("%d,%d,%d\n",*a,*b,*c);
    num=*a;
    if(*a>*b)_____;
    if(num>*c)_____;
    printf("输出最小整数:%d\n",num);
}
```

（2）将数组 a 中的数据按逆序存放。

```
#include "stdio.h"
#define M 8
void main()
{
    int a[M],i,j,t;
    for(i=0;i<M;i++)scanf("%d",a+i);
    i=0;j=M-1;
    while(i<j)
    {
        t=*(a+i);
        _____;                              /*引用非变址运算符引用数组元素*/
        *(_____)=t;                         /*引用非变址运算符引用数组元素*/
        i++;j--;
    }
    for(i=0;i<M;i++)
        printf("%3d",*(a+i));
}
```

【思考与练习】

（以下各题均要求用指针方法实现）

1. 编写一个函数，对传递过来的三个数求出最大和最小数，并通过形参传送回调用函数。
2. 编写函数，对传递进来的两个整型数据计算它们的和与积之后，通过参数返回。
3. 从键盘输入 10 个数，使用冒泡法对这 10 个数进行排序。

实验 8　指针（2）

【实验目的】

1. 掌握字符串指针变量。
2. 理解指向函数的指针变量和指针函数。
3. 了解主函数参数的概念和用法。
4. 了解指向指针的指针的概念及其使用方法。
5. 能够使用指针进行程序设计。

【实验准备】

1. 复习和掌握字符串指针、函数指针及指针函数的基本用法。

2. 读懂调试程序题和程序填空题，在上机前把答案写出来；编程题代码事先在稿纸上编写，上机时一并进行调试。

3. 对程序运行中可能出现的问题应事先做出估计。

【实验步骤】

1. 在调试程序过程中，注意观察并记录编译和运行的错误信息，将程序调试正确。
2. 理解实验结果，并回答实验过程中的问题。
3. 完成思考与练习。

【实验内容】

1. 输入下列程序并调试运行

（1）编程实现：将一个任意整数插入到一个已排序的整数数组中，数组在插入数据后仍然保持有序。

知识点说明：

① 实参数组名代表一个固定的地址，或者说是指针常量，但形参数组名并不是一个固定的地址，而是按指针变量处理。

② 定义函数 void arr(int *a,int n)，相当于将函数定义为 void arr(int a[],int n)。因为程序编译时是将数组 a 按指针变量进行处理的，故定义为指针形式更为科学。

③ 利用函数来处理数组时，如果需要在函数中对数组元素进行修改，只能传递数组的地址，进行传地址的调用，在内存相同的地址区间进行数据的修改。

程序代码如下：

```
#include<stdio.h>
```

```
void sort(int *a,int n);                /* 声明排序函数 */
void insert(int *a,int num);            /* 声明插入函数 */
int n=10;                               /* 定义数据个数，可以修改 */
void main()
{
    int *a,num,j,b[10];
    printf("请输入%d个数据:\n",n);
    for(j=0;j<n;j++)
        scanf("%d",&b[j]);              /* 输入原始数据 */
    a=&b[0];                            /* 初始化 */
    sort(a,n);                          /* 调用排序函数 */
    printf("排序好的数据为:\n");
    for(j=0;j<n;j++)                    /* 输出排序后的数据 */
        printf("%d ",*(a+j));
    printf("\n请输入要插入的数据:");
    scanf("%d",&num);
    printf("插入%d后的数据为:\n",num);
    insert(a,num);                      /* 调用插入函数 */
}
void sort(int *a,int n)                 /* 排序函数 */
{
    int k,j,temp;
    for(k=0;k<10;k++)
        for(j=0;j<n-k-1;j++)
            if(*(a+1+j)<*(a+j))
            {
                temp=*(a+1+j);
                *(a+1+j)=*(a+j);
                *(a+j)=temp;
            }
}
void insert(int *a,int num)             /* 插入函数 */
{
    void sort(int *a,int n);
    int j,k;
    *(a+n)=num;                         /* 将插入的数据排在数组最后一位 */
    sort(a,n+1);                        /* 将新数组重新排序 */
    for(j=0;j<n+1;j++)
    {
        if(*(a+j)==num)
        {
            k=j;
            break;                      /* 找到插入的数据在数组中的位置 */
        }
    }
    for(j=0;j<n+1;j++)
        printf("%d ",*(a+j));
    printf("\n插入的数据排在数组的第%d位",k+1);
```

```
}
```

程序运行结果:

```
请输入10个数据:
54 86 23 10 78 91 66 13 80 7
排序好的数据为:
7 10 13 23 54 66 78 80 86 91
请输入要插入的数据:34
插入34后的数据为:
7 10 13 23 34 54 66 78 80 86 91
插入的数据排在数组的第5位
```

程序说明:

① 对数组的处理可以采用下标法引用数组元素，本例中使用指针变量引用数组元素。

② 程序中实现插入与排序的过程均采用指针完成，程序效率更高，执行速度更快。

(2) 编写函数 newcopy(char *newstr,char *oldstr)，它的功能是删除 oldstr 所指向的字符串中的小写字母，并将所得到的新串存入 newstr 中。

知识点说明:

① 未经赋值的指针变量不能使用，否则将造成未知的错误，给系统正常运行带来隐患。

② 指针可以指向数组的首地址，数组名代表数组首地址，等价于&数组名[0]。

程序代码如下:

```
#include <stdio.h>
void newcopy(char *newstr,char *oldstr);
void main()
{
    char *newstr,*oldstr,a[20];                /* new 无法作为变量，故定义为 new1 */
    oldstr=a;
    newstr=a;                                  /* 字符串初始化 */
    printf("请输入字符串: \n");
    scanf("%s",a);
    newcopy(newstr,oldstr);                    /* 调用函数 */
    printf("新的字符串为: \n");
    printf("%s",newstr);
}
void newcopy(char *newstr,char *oldstr)
{
    int n,j=0;
    for(;*oldstr!='\0';oldstr++)
    {
        if((*oldstr)>'z'||(*oldstr)<'a')
        {
            *(newstr+j)=*oldstr;
            ++j;                  /* 排除原字符串中的小写字符，将其他字符存入新字符串 */
        }
    }
    *(newstr+j)='\0';             /* 添加新字符串结束标志 */
}
```

程序运行结果:

```
请输入字符串:
```

```
123AAbbCCdd
新的字符串为:
123AACC
```

程序说明：

① 在主函数中以初始化的方式输入一个字符串，并调用 newcopy()函数，最后输出处理后的结果。

② 本例中输入的字符串大小有限制。请思考如何修改程序，使得输入任意长度的字符串均可以正确运行。

2. 程序填空题

（1）下面程序的功能是将两个字符串 s1 和 s2 连接起来。

```
#include<stdio.h>
void main()
{
    char s1[80],s2[80];
    gets(s1); gets(s2);
    conj(s1,s2);
    puts(s1);
}
conj(char *p1,char *p2)
{
    char *p=p1;
    while(*p1)_____;
    while(*p2)
    {
        *p1=_____;
        p1++;
        p2++;
    }
    *p1='\0';
}
```

（2）下面 count 函数用来计算子串 substr 在母串 str 中出现的次数。

```
count(char *str,char *substr)
{
    int x,y,z;
    int num=0;
    for(x=0;str[x]!='\n';x++)
        for(y=______,z=0;substr[z]==str[y];z++,y++)
            if (substr[_____]==NULL
            {
                num++;
                break;
            }
}
```

【思考与练习】

（以下各题均要求用指针方法实现）

1. 编写一个程序，将用户输入的字符串中的所有数字提取出来。
2. 编写函数实现，将一个字符串中的字母全部转换为大写。

实验9　结构体与共用体（1）

【实验目的】

1. 掌握结构体类型的概念和定义方法。
2. 掌握指向结构体变量的指针的概念和应用。
3. 理解返回结构体指针函数的实质。

【实验准备】

1. 复习本章教学内容，手工推算实验内容中源程序的最终数据，并记录。
2. 实验课之前需写好预习报告（编程题源程序用纸写好或画好程序流程图）。
3. 对程序运行中可能出现的问题应事先做出估计（结构体变量如何引用，++运算符与->运算符的优先级别，返回结构体变量的指针函数如何书写等）。

【实验步骤】

1. 编辑源程序。
2. 对源程序进行编译、连接、运行，并调试程序。
3. 检查手工推算的数据与上机运行后的数据有无差异，并分析原因所在。

【实验内容】

（1）某单位进行选举，有5位候选人：zhang、wang、li、zhao、liu。编写一个统计每人得票数的程序。要求每个人的信息使用一个结构体表示，5个人的信息使用结构体数组存储。

知识点说明：

① 结构体变量是一个整体，但对结构体变量的赋值通常针对各个结构体变量成员分别完成。

② 结构体类型定义可以在函数的内部，也可以在函数的外部。在函数内部定义的结构体，其作用域仅限于该函数内部，而在函数外部定义的结构体，其作用域是从定义处开始到程序源文件结束。

程序代码如下：

```
#include "stdio.h"
#include "string.h"
struct candidate
{
    char name[6];
    char sex;
    char num;
};
struct candidate c[5]=
{
    {"zhang",'M',0},
    {"wang",'F',0},
    {"li",'F',0},
```

```
    {"zhao",'M',0},
    {"liu",'M',0}
};
void main()
{
    char name[6];
    int i,k,total=0;
    while(1)
    {
        printf("请输入得票人姓名: \n");
        gets(name);
        for(i=0;i<5;i++)
        {
            k=strcmp(c[i].name,name);
            if(k==0)
            {
                c[i].num++;
                total++;
            }
        }
        if(name[0]==NULL)
        {
            printf("输入完毕\n");
            break;
        }
    }
    for(i=0;i<5;i++)
        printf("%-5s 的票数为: %d\n",c[i].name,c[i].num);
    printf("参与投票的总人数为: %d\n",total);
}
```

程序运行结果：

```
请输入得票人姓名:
zhang
请输入得票人姓名:
zhang
请输入得票人姓名:
wang
请输入得票人姓名:
zhao
请输入得票人姓名:
zhao
请输入得票人姓名:
输入完毕
zhang 的票数为: 2
wang  的票数为: 1
li    的票数为: 0
zhao  的票数为: 3
liu   的票数为: 0
参与投票的总人数为: 6
```

程序说明：

① 程序中定义了一个全局结构体数组 c，它有 5 个元素，每个元素都包含有成员 num。在主函数中利用 for 循环比较每个候选人的姓名与输入的姓名是否一致。如果一致，则把该元素的成员 num 加 1，最后在 for 循环中将 5 个候选人的得票数输出。

② 思考：增加输入函数，将候选人的信息改写为由函数输入。

③ 思考：增加排序函数，将候选人信息按照得票数量由大到小排序输出。

（2）查询某一学生的成绩，并将其具体信息输出。

知识点说明：

① 函数的参数可以是结构体指针类型，函数的返回值也可以是结构体指针类型。

② 在函数调用期间，形参也要占用内存单元，使用结构体数组元素做函数参数，采用的仍是"值传递"的方式。传递数据时，会将某个数组元素值的所有数据全部传给形参，编写程序时应尽量避免使用结构体元素作为函数参数。

程序代码如下：

```
#include "stdio.h"
struct student
{
    int num;
    char name[20];
    float score;
}stu[3]={{8001,"lilei", 86},{8002,"zhanghua", 79},{8003,"zhaojun",78 }};
struct student* search(int m)
{
    struct student *p,*s;
    int flag=1;
    for(p=stu;p<stu+3;p++)
        if(p->num==m)
        {
            s=p;
            flag=0;
        }
    if(flag)
    {
        printf("error!");
        return  NULL;
    }
    return s;
}
void main()
{
    int n;
    struct student *s;
    printf("please input Number of student:");
    scanf("%d",&n);
    s= search(n);
    if(s!=NULL)
    {
        printf("Number  Name       Score\n");
        printf("%-8d%-8s %8.2f\n",s->num, s->name, s->score);
    }
}
```

程序运行结果：

```
please input Number of student:8002
Number  Name      Score
8002    zhanghua   79.00
please input Number of student:8009
error!
```

程序说明：

① 本例中定义了一个名为stu的结构体数组，包含三个学生信息。用户执行程序时，输入相应的学生学号，search函数找到匹配学号后返回struct student*类型的指针s到主函数中。若没有找到，则返回NULL。

② 主函数中判断返回指针不为空，则使用“结构体变量名.成员名”的方式打印出该生具体信息。

【思考与练习】

1. 有8名学生，每个学生包括学号、姓名和成绩，要求按成绩递增排序并输出。要求如下。

（1）学生信息的输入和输出在主函数内实现。

（2）按成绩递增排序在sort函数中实现。

2. 有一批图书，每本图书要登记作者姓名、书名、出版社、出版年月、价格等信息，试编写一个程序完成下列任务。

（1）读入每本书的信息存入数组中。

（2）输出价格在19.80元以下的书名及出版社名。

（3）输出2006年以后出版的图书具体信息。

3. 建立一个通信录，具体要求如下。

（1）建立如下通信录结构：姓名、性别、出生日期、联系地址、联系电话、E-mail。

（2）所有相关数据直接由主函数进行初始化。

（3）编写一函数，完成通信录按姓名进行排序（升序）操作。

（4）主函数调用排序函数，能输出指定姓名的相关数据。

实验10　结构体与共用体（2）

【实验目的】

1. 掌握链表的概念，初步学会对单链表进行操作。
2. 掌握共用体类型的概念和应用。
3. 掌握枚举类型的概念和定义方法。

【实验准备】

1. 复习本章教学内容，手工推算实验内容中源程序的最终数据，并记录。
2. 实验课之前需写好预习报告（编程题源程序用纸写好或画好程序流程图）。
3. 对程序运行中可能出现的问题应事先做出估计（getchar()函数在处理字符串输入时的作用，

共用体在内存中如何分配成员变量存储空间）。

【实验步骤】

1. 在调试程序过程中，注意观察并记录编译和运行的错误信息，将程序调试正确。
2. 理解实验结果，并回答实验过程中的问题。
3. 完成思考与练习。

【实验内容】

（1）建立一个带头节点的单链表，头指针为 head，编写程序计算所有数据域为 num 的结点的个数（不包括头结点）。

知识点说明：

① 使用尾插法创建动态单链表，新建的结点总是在链表的末尾插入。

② 程序中无需使用 free 函数释放空间。因为 malloc 函数在符合有效的数据条件下才会执行，当用户输入-9999 表示结束输入工作时，不会产生多余结点。

程序代码如下：

```
#include<stdio.h>
#include<stdlib.h>
typedef struct Node
{
    int data;
    struct Node *next;
}LNode;
void creatList(LNode* L);                       /* 创建链表函数声明 */
int count(LNode* L);                            /* 统计个数函数声明 */
void main()
{
    LNode *L;
    int a;
    L=(LNode*)malloc(sizeof(LNode));            /* 初始化头结点 */
    L->next=NULL;                               /* 头结点指针域为空 */
    creatList(L);                               /* 调用创建链表函数 */
    a=count(L);                                 /* 调用统计个数函数 */
    printf("结点的个数=%d",a);
}
void creatList(LNode* L)                        /* 定义创建链表函数 */
{
    LNode *s,*p;
    int c;
    p=L;                                        /* p 指针指向头结点 */
    printf("data=");
    scanf("%d",&c);
    while(c!=-9999)                             /* 当输入的数据不为-9999 时，进入循环 */
    {
        s=(LNode*)malloc(sizeof(LNode));        /* 输入有效数据时，分配空间 */
        p->next=s;                              /* p 的 next 指针域指向 s 结点 */
```

```
        p=s;                              /* p指针移动，指向s结点 */
        s->data=c;                        /* 将输入的数据置入s的数据域 */
        s->next=NULL;                     /* s的next域指向NULL */
        printf("data=");                  /* 继续输入下一个结点data域的值 */
        scanf("%d",&c);
    }
}
int count(LNode* L)                       /* 定义统计个数函数 */
{
    int sum=0;                            /* 计数器清零 */
    int num;
    printf("请输入要统计个数的数值:");
    scanf("%d",&num);
    LNode* p;
    if(!L)                                /* 如果指针为空，返回0 */
        return 0;
    p=L->next;                            /* p指针指向头结点的下一个结点 */
    while(p)
    {
        if(p->data==num)                  /* 统计data域与输入num相同的个数 */
            sum++;
        p=p->next;                        /* p指针继续向后移动 */
    }
    return sum;                           /* 返回统计后的个数 */
}
```

程序运行结果：

```
data=12
data=34
data=5
data=5
data=97
data=-9999
请输入要统计个数的数值:5
结点的个数=2
```

程序说明：

① 程序使用尾插法创建带有头结点的单链表，当输入为-9999 时表示结束输入。在函数 count 中，循环遍历每个结点，统计 data 域与输入 num 相同的个数，最后将统计结果返回到主函数并输出。

② 思考：链表初始化如何写成函数调用形式？

③ 思考：在此程序基础上改写成对全部结点的 data 域求和，求最大、最小值以及它们所指链表中的位置。

（2）用共用体描述学校中的成员（学生和老师），输入学生和老师的姓名、年龄、学生的成绩和老师的工资，并打印输出。

知识点说明：

① 结构体成员可以嵌套，也可以是枚举类型或者共用体类型。

② 在用 scanf 语句输入时要注意，凡为数组类型的成员，无论是结构体成员，还是共用体成

员，在该项前不能再加"&"运算符。程序中的 mem[i].name 是一个数组类型，因此在 mem[i].name 之前不能加"&"运算符。

程序代码如下：

```
#include <stdio.h>
#define NUM 5
enum dataType{student,teacher};
struct member
{
    char name[20];
    int age;
    enum dataType memtype;
    union
    {
        int grade;
        int salary;
    }dat;
};
void main()
{
    struct member mem[NUM];
    int i;
    printf("请输入%d个人的信息\n",NUM);
    for(i=0;i<NUM;i++)
    {
        printf("请输入姓名：");
        scanf("%s",mem[i].name);
        printf("请输入年龄：");
        scanf("%d",&mem[i].age);
        printf("请输入分类（学生输入0，老师输入1）：");
        scanf("%d",&mem[i].memtype);
        if(mem[i].memtype==student)
        {
            printf("请输入成绩：");
            scanf("%d",&mem[i].dat.grade);
        }
        else
        {
            printf("请输入工资：");
            scanf("%d",&mem[i].dat.salary);
        }
    }
    printf("\n输入成员的信息如下：\n");
    printf("姓名      年龄   分类   成绩/工资\n");
    for(i=0;i<NUM;i++)
    {
        printf("%-8s %-6d",mem[i].name,mem[i].age);
        if(mem[i].memtype==teacher)
            printf("教师    %d\n",mem[i].dat.salary);
        else
            printf("学生    %d\n", mem[i].dat.grade);
```

```
    }
}
```

程序运行结果：

```
请输入5个人的信息
请输入姓名：zhanglei
请输入年龄：34
请输入分类（学生输入0，老师输入1）：1
请输入工资：3500
请输入姓名：xuming
请输入年龄：45
请输入分类（学生输入0，老师输入1）：1
请输入工资：5100
请输入姓名：liufeng
请输入年龄：18
请输入分类（学生输入0，老师输入1）：0
请输入成绩：91
请输入姓名：zhangjun
请输入年龄：37
请输入分类（学生输入0，老师输入1）：1
请输入工资：4700
请输入姓名：wangjun
请输入年龄：22
请输入分类（学生输入0，老师输入1）：0
请输入工资：87
```

输入成员的信息如下：

```
姓名        年龄   分类   成绩/工资
zhanglei    34     教师    3500
xuming      45     教师    5100
liufeng     18     学生    91
zhangjun    37     教师    4700
wangping    22     学生    87
```

程序说明：

① 程序中的结构体类型中嵌入了枚举类型和共用体类型。

② 枚举常量相当于一个符号常量，故具有见名而知义的好处，可以提高程序的可读性。

③ 枚举常量的取值只能限于在所列的枚举常量范围内，只要其值超出这个范围，系统即视为出错，这相当于让系统帮助检查错误，从而降低编程难度。

（3）取月份作为枚举常量，设一月份的序号为 1，二月份的序号为 2……编写程序:输入任意月份的序号，将对应的序号及其英文名显示出来。

知识点说明：

① 定义枚举类型时，用花括号括起来的都是枚举常量，它们不是变量，不可以对其赋值。

② 输出枚举常量时，不可以把它当作一个字符常量或字符串常量，只能将其视为一个整数值。

使用时无需加单、双引号。

程序代码如下：

```
#include <stdio.h>
typedef enum
{Jan=1,Feb,Mar,Apr,May,Jun,Jul,Aug,Sep,Oct,Nov,Dec}month;
void main()
{
    int num;
    month mon;
    printf("please input num of month:");
    scanf("%d",&num);
    mon=(month)num;
    switch(mon)
    {
        case 1: printf("%d:%s\n",mon,"Jan");break;
        case 2: printf("%d:%s\n",mon,"Feb");break;
        case 3: printf("%d:%s\n",mon,"Mar");break;
        case 4: printf("%d:%s\n",mon,"Apr");break;
        case 5: printf("%d:%s\n",mon,"May");break;
        case 6: printf("%d:%s\n",mon,"Jun");break;
        case 7: printf("%d:%s\n",mon,"Jul");break;
        case 8: printf("%d:%s\n",mon,"Aug");break;
        case 9: printf("%d:%s\n",mon,"Sep");break;
        case 10:printf("%d:%s\n",mon,"Oct");break;
        case 11:printf("%d:%s\n",mon,"Nov");break;
        case 12:printf("%d:%s\n",mon,"Dec");break;
        default:printf("error!\n");
    }
}
```

程序运行结果：

```
please input num of month:8
8: Aug
please input num of month:13
error!
```

程序说明：

① 程序中定义了枚举类型的变量 month，当输入 0～12 的任意一个数字时，就会输出相应月份的序号及其英文名。

② 注意枚举变量的赋值方式，枚举常量不要加单、双引号。

【思考与练习】

1. 已知 head 指向一个带头结点的单向链表，链表中每个结点包括数据域（data）和指针域（next），数据域为整型。请编写函数，求链表中各个结点数据域之和。

2. 声明一个时间结构体 TIME，包含成员：时（int hour）、分（int minute）、秒（int second）。定义函数 update（…）用于更新时间。假设当前时刻为 23:59:59，则调用函数 update 将得到的下一刻时间为 00:00:00；假设当前时刻为 23:45:56，则调用函数 update 将得到的下一刻时间为 23:45:57。

要求：编程模拟一个时钟（时间实时更新）。

实验 11　编译预处理

【实验目的】

1. 掌握有参及无参宏定义的方法及宏替换的实质。
2. 掌握宏定义的使用。
3. 掌握文件包含及条件编译的使用，能够根据程序需要设置条件编译。

【实验准备】

1. 复习和掌握宏定义、文件包含和条件编译的使用方法。
2. 读懂调试程序题和程序填空题，在上机前把答案写出来；编程题代码事先在稿纸上编写，上机时一并进行调试。
3. 对程序运行中可能出现的问题应事先做出估计。

【实验步骤】

1. 在调试程序过程中，注意观察并记录编译和运行的错误信息，将程序调试正确。
2. 理解实验结果，并回答实验过程中的问题。
3. 完成思考与练习。

【实验内容】

1. 输入下列程序并调试运行

（1）编程实现：使用宏定义，计算三角形的面积。

知识点说明：

① 无参宏定义，预处理程序将程序中出现的所有标识符（宏名）替换成字符串。

② 宏定义允许嵌套，在宏定义的字符串中可以使用已经定义的宏名。在宏展开时由预处理程序层层代换。

③ 程序中使用数学函数，需使用文件包含命令。

程序代码如下：

```
#include<stdio.h>
#include<math.h>
#define S (a+b+c)/2
#define AREA  sqrt(S*(S-a)*(S-b)*(S-c))
void main()
{
    float a,b,c;
    printf("Input three numbers:");
    scanf("%f,%f,%f",&a,&b,&c);                /* 输入三角形的三条边 */
    printf("S=%f\n",S);
    printf("AREA=%f\n",AREA);                  /* 输出三角形的面积 */
}
```

程序运行结果：

```
Input three numbers:4.6,5.4,4.5
S=7.250000
AREA=9.886536
```

程序说明：

① 求三角形面积需 sqrt()函数，程序头部使用文件包含命令#include<math.h>。

② 程序中分别定义无参宏名 S 和 AREA，AREA 嵌套定义 S。

③ 预处理程序中，宏名 S 替换成三角形周长的一半，宏名 AREA 替换成三角形的面积。

（2）编程实现：使用条件编译，输入一行电报文字，要求转换字母大小写，其他字符不变。

知识点说明：

① 预处理程序提供了条件编译的功能，可以按不同的条件去编译不同的程序部分。

② 转换字母大小写，需借助大、小写字母 ASCII 码差值 32。

程序代码如下：

```
#define  CHANGE  1
#include <stdio.h>
void main()
{
    char c;
    while((c=getchar())!=EOF)        /* 判断键盘输入字符 c 是否是结束符 */
    {
      #if  CHANGE                    /* CHANGE 为 1（真）时，输出变换后的文字 */
         if(c>='a'&&c<='z')
            putchar(c-32);
         else if(c>='A'&&c<='Z')
                    putchar(c+32);
              else
                    putchar(c);
      #else
         putchar(c);                 /* CHANGE 值为假时，输出原文 */
      #endif
    }
    }
```

程序运行结果：

```
Welcome to C Program1234.
wELCOME TO c pROGRAM1234.
```

程序说明：

① 采用第三种条件编译形式。

② 根据无参宏定义 CHANGE，CHANGE 的值为 1（真），对程序段 1 进行编译，将电报中所有小写字母转换成大写字母，大写字母转换成小写字母，其他字符不变。

③ 如果将程序第一行语句改为#define　CHANGE　0，由于 CHANGE 的值为 0（假），则在预处理时，执行 putchar(c)语句，保留原文内容输出。

2. 程序填空题

（1）定义一个有参宏 SWAP(x,y)，用以交换两个参数的值，输入两个数作为使用宏时的实参，输出交换后的两个值。

```
#define SWAP(x,y) ______
#include <stdio.h>
```

```
void main()
{
    int a,b,t;
    printf("输入两个整数a, b:");
    scanf("%d%d",&a,&b);
    _____
    printf("交换后 a=%d,b=%d\n",a,b);
}
```

（2）定义一个有参宏 MAX(x,y,z),求三个整数中最大的数。

```
#define MAX(x,y,z) _____
#include <stdio.h>
void main()
{
    int  a,b,c;
    printf("Enter three integers:");
    scanf("%d,%d,%d",&a,&b,&c);
    printf("\nthe maximum of them is %d\n",_____ );
}
```

【思考与练习】

1. 编写计算球体体积的程序，用宏定义的方式说明圆周率 PI 以及计算球体体积的公式。

2. 输入一个口令，根据需要设置条件编译，使之能将口令原码输出，或仅输出若干星号“*”。

实验 12 位运算

【实验目的】

1. 掌握数的机器码表示方法。
2. 掌握按位运算的概念。
3. 掌握位运算符的使用方法，实现某些指定位处理的操作。

【实验准备】

1. 复习位运算符号的功能和位运算操作。
2. 读懂调试程序题和程序填空题，在上机前把答案写出来；编程题代码事先在稿纸上编写，上机时一并进行调试。
3. 对程序运行中可能出现的问题应事先做出估计。

【实验步骤】

1. 在调试程序过程中，注意观察并记录编译和运行的错误信息，将程序调试正确。
2. 理解实验结果，并回答实验过程中的问题。
3. 完成思考与练习。

【实验内容】

1. 输入下列程序并调试运行

（1）编程实现：设计一个函数，当给定一个整数后，能得到该数的补码（要求用八进制数输入输出）。

知识点说明：

① 计算正数的补码，正数的补码与原码相同。

② 计算负数的补码。首先，保持原码符号位不变，为 1；其次，其余各位取反，即 0 变为 1，1 变为 0；最后，对整个数加 1。

程序代码如下：

```
#include <stdio.h>
void main()
{
    unsigned int a;
    unsigned int f(unsigned int);
    printf("Input a data(8):");
    scanf("%o",&a);
    printf("%o",f(a));
}
unsigned int f(unsigned int x)
{
    unsigned int y;
    y=x&020000000000;
    if(y==020000000000)
        y=~x+1;
    else
        y=x;
    return(y);
}
```

程序运行结果：

```
Input a data(8):166666
166666
Input a data(8):26666666666
11111111112
```

程序说明：

① x 是 int 型整数，共 16 位：0～15。

② x 和 020000000000（八进制数）按位与后，刚好取到 x 的第 31 位。

③ 如 x 的第 31 位是 1 的话，得到的 y 就是 020000000000，说明 y 是个负数，按照负数求补码的方法进行，否则相反。

（2）编程实现：键盘输入一个十六进制整数，实现其各位循环左移 4 位。

知识点说明：

① 左位移运算，把操作对象的二进制数向左移动指定的位，高位溢出，并在右面补上相应位数的 0。

② 右位移运算，把操作对象的二进制数向右移动指定的位，移出的低位舍弃，对无符号数或有符号数的正数，右移时左边高位补 0。

③ 按位或运算，当两个操作对象二进制数的相同位都为 0 时，结果数值的相应位为 0，否则

相应位为 1。

程序代码如下：

```
#include <stdio.h>
void main()
{
    unsigned a,b,c;
    scanf("%x",&a);
    b=a>>12;                        /* a 右位移 12 位 */
    c=a<<4;                         /* a 左位移 4 位 */
    c=c|b;
    printf("a:%x\nc:%x\n",a,c);
}
```

程序运行结果：

```
fe13
a:fe13
c:fe13f
```

程序说明：

① 程序第 6 行语句，a 右位移 12 位操作后，将 a 中高 4 位移至 b 中低 4 位，b 中高 12 位补 0。

② 程序第 7 行语句，a 左位移 4 位操作后，将 a 中低 12 位移至 c 中高 12 位，c 中低 4 位补 0。

③ 程序第 8 行语句，按位或运算后，新 c 中保留原 c 中高 12 位，即 a 中低 12 位，和 b 中低 4 位，即 a 中高 4 位，实现其各位循环左移 4 位。

2. 程序填空题

（1）下面的程序是实现左右循环移动，当输入位移的位数是一个正整数时，循环右移，输入一个负数时，循环左移。

```
#include <stdio.h>
void main()
{
    unsigned a,z;
    int n;
    printf("请输入一个八进制数：");
    scanf("%o",&a);
    printf("请输入位移的位数：");
    scanf("%d",&n);
    if (______)
    {
        z=(a>>n)|(a<<(16-n));      /* a 右位移 n 位与 a 左位移（16-n）位后，按位或运算 */
        printf("右移的结果为：%d",z);
    }
    else
    {
        n=-1*n;                          /* 取 n 的绝对值 */
        z=______;
        printf("左移的结果为：%d",z);
    }
}
```

（2）取一个数从右端开始的 4～11 位。

```
#include <stdio.h>
void main()
{
    unsigned a,b,c,d;
    printf("\nInput a number:");
    scanf("%o",&a);
    b=______;                          /* 将变量 a 右移 4 位 */
    c=______;                          /* 设置一个低 8 位全为 1，其余全为 0 的数 */
    d=b&c;
    printf("a=%o\td=%o\n",a,d);
 }
```

【思考与练习】

1. a，b 为整型数据，a=0x4139，b=0x3842，编写一段程序，求整型变量 x 的值，要求 x 的低字节为 a 的低字节的值，x 的高字节为 b 的高字节的值。

2. 实现一个整数的低 4 位翻转，用十六进制数输入和输出。

实验 13 文件操作

【实验目的】

1. 掌握文件和文件指针的概念以及文件的定义方法。
2. 了解文件打开和关闭的概念和方法。
3. 掌握有关文件处理的函数。

【实验准备】

复习文件的读写方法。

【实验步骤】

1. 在调试程序过程中，注意观察并记录编译和运行的错误信息，将程序调试正确。
2. 理解实验结果，并回答实验过程中的问题。
3. 完成思考与练习。

【实验内容】

（1）从键盘输入一个字符串，将小写字母全部转换成大写字母，然后输出到一个磁盘文件“test”中保存。输入的字符串以“!”结束。

知识点说明：

本题考查的是文件的基本操作。首先是利用 gets 函数从键盘输入字符到字符数组 str 中，然后利用 while 循环和 fputc 函数将 str 字符串中的字符写入文件 test。再以只读的方式打开文件 test，将其中的字符读入字符串变量 str，最后输出字符数组 str。

程序代码如下：

```
#include <stdio.h>
#include <stdlib.h>
#include <string.h>
void main()
{
    FILE *fp;
    char str[100];
    int i=0;
    if((fp=fopen("test","w"))==NULL)
    {
        printf("cannot open the file\n");
        exit(0);
    }
    printf("please input a string:\n");
    gets(str);
    while(str[i]!='!')
    {
        if(str[i]>='a'&&str[i]<='z')
        str[i]=str[i]-32;
        fputc(str[i],fp);
        i++;
    }
    fclose(fp);
    fp=fopen("test","r");
    fgets(str,strlen(str)+1,fp);
    printf("%s\n",str);
    fclose(fp);
}
```

程序运行结果：

```
please input a string:
abcdefghijkl!8
ABCDEFGHIJKL
```

文件 test 的内容：

```
ABCDEFGHIJKL
```

（2）文件 addr.txt 记录了某些人的姓名和地址，文件 tel.txt 记录了顺序不同的上述人的姓名与电话号码。希望通过对比两个文件，将同一人的姓名、地址和电话号码记录到第三个文件 addrtel.txt 中。

首先看一下前两个文件的内容。

addr.txt 内容：

```
hejie
tianjing
liying
shanghai
liming
chengdu
```

tel.txt 内容：

```
liying
12345
hejie
8764
```

```
wangpin
87643
liming
7654322
```

知识点说明：

我们需要同时处理三个文件。前两个文件格式基本一致，姓名字段占 14 个字符，家庭住址或电话号码长度不超过 14 个字符，并以回车结束。文件结束的最后一行只有回车符，也可以说是长度为 0 的串。在两个文件中，由于存放的是同一批人的资料，则文件的记录数是相等的，但存放顺序不同。我们可以任一文件记录为基准，在另一文件中顺序查找相同姓名的记录，若找到，则合并记录存入第三个文件，将查找文件的指针移到文件头，以备下一次顺序查找。

程序代码如下：

```
#include <stdio.h>
#include <stdlib.h>                                     /*动态存储分配头文件*/
#include <conio.h>                                      /*控制台输入输出头文件*/
#include <string.h>
void main()
{
    FILE *fptr1,*fptr2,*fptr3;                          /*定义文件指针*/
    char temp[15],temp1[15],temp2[15];
    if((fptr1=fopen("addr.txt","r"))==NULL)             /*打开文件*/
    {
        printf("cannot open file");
        exit(0) ;
    }
    if((fptr2=fopen("tel.txt","r"))==NULL)
    {
        printf("cannot open file");
        exit(0);
    }
    if((fptr3=fopen("addrtel.txt","w"))==NULL)
    {
        printf("cannot open file");
        exit(0);
    }
    system("CLS");                                  /*清屏幕*/
    while(strlen(fgets(temp1,15,fptr1))>1)
    {
        fgets(temp2,15,fptr1);                      /*读地址*/
        fputs(temp1,fptr3);                         /*写入姓名到合并文件*/
        fputs(temp2,fptr3);                         /*写入地址到合并文件*/
        strcpy(temp,temp1);                         /*保存姓名字段*/
        do                                          /*查找姓名相同的记录*/
        {
            fgets(temp1,15,fptr2);
            fgets(temp2,15,fptr2);
        }while (strcmp(temp,temp1)!=0);
        rewind(fptr2);                              /*将文件指针移到文件头，以备下次查找*/
        fputs(temp2,fptr3);                         /*将电话号码写入合并文件 */
    }
```

```
    fclose(fptr1);                                /*关闭文件*/
    fclose(fptr2);
    fclose(fptr3);
}
```

程序运行后，观察合并后的文件 addrtel.txt 的内容。

```
addrtel.txt
hejie
tianjing
8764
liying
shanghai
12345
liming
chengdu
7654322
wangpin
chongqing
87643
```

（3）循环读入一个整数，该整数表示相对文件头的偏移量。然后，程序按此位置显示原来的值并询问是否修改，若修改，则输入新的值，否则进行下一次循环。若输入值为-1，则结束循环。

知识点说明：

本例考查文件的随机操作。因为程序有可能对文件进行修改，在打开文件时，注意要以“r+”的方式打开。对于输入的 off，它表示一个位移量，如果输入-1，则表示循环结束，不再执行程序；若输入的值过大，可能在文件中找不到对应的位置，不需进行修改。应该说明，如果 off 超过文件长度，fseek(fp,off,SEEK_SET)语句将使文件指针定位于文件尾。如果输入的 off 值适当，则能够使文件指针正常定位。此时，系统询问是否修改，若可以修改，可按 Y 键，然后输入一个字符，程序将新输入的字符 ch 写入文件。

```
#include <stdio.h>
#include <conio.h>
void main(int argc,char *argv[])
{
    FILE *fp;
    long off;
    char ch;
    if(argc!=2)
        return;
    if((fp=fopen(argv[1],"r+"))==NULL)
        return;
    do
    {
        printf("\ninput a byte num to display:");
        scanf("%ld",&off);
        if(off==-1l) break;
        fseek(fp,off,SEEK_SET);
        ch=fgetc(fp);
        if(feof(fp))continue;                     /*输入值过大*/
            printf("\nthe byte is:%c",ch);
        printf("\nmodify?");                      /*询问是否修改*/
        ch=getche();
        if(ch=='y'||ch=='Y')
        {
```

```
            printf("\ninput the char:");
            ch=getche();                              /*输入新字节内容*/
            fseek(fp,off,SEEK_SET);                   /*将文件指针定位于位移处*/
            fputc(ch,fp);
        }
    }while(1);
    fclose(fp);
}
```

程序应该在DOS环境下以命令行的形式运行,若本程序所在文件名为prog,有文件file.txt:

```
C>type file.txt（显示文件内容）
this is a test.
C>prog file.txt
input a byte num to display:1000（超出范围）
input a byte num to display:14
the byte is:.
modify?Y
input the char:!
input a byte num to display:-1
```

【思考与练习】

用文件存储学生数据。有5个学生，每个学生有3门课的成绩，从键盘输入数据（包括学生号、姓名、3门课成绩），计算出平均成绩，将原有数据和计算出的平均分数存放在磁盘文件stud中。设5名学生的学号、姓名和3门课成绩如下：

```
99101    Wang    89  98  67
99103    Li      60  80  90
99106    Fun     75  91  99
99110    Ling    80  50  62
99113    Yuan    58  68  71
```

第2部分 课程设计

2.1 概述

课程设计是对学生的一种全面综合训练，是不可缺少的一个教学环节。通常，课程设计中的问题比平时的习题复杂得多，也更接近实际。课程设计着眼于原理与应用的结合点，使学生学会如何把书上学到的知识用于解决实际问题，培养软件工作所需要的动手能力，另一方面，能使书上的知识变“活”，起到深化理解和灵活掌握教学内容的目的。平时的习题较偏重于如何编写功能单一的“小”算法，局限于一个或两个知识点，而课程设计题是软件设计的综合训练，包括问题分析，总体结构设计，用户界面设计、程序设计基本技能和技巧，多人合作，以至一整套软件工作规范的训练和科学作风的培养。此外，还有很重要的一点是：计算机是比任何教师更严厉的检查者。

为达到上述目的，使学生更好地掌握面向过程程序设计的基本方法和C语言的应用，本教材安排了课程设计环节，提供了6个题目供读者选择。每个实习题采取了统一的格式，由问题描述、基本要求和选做内容等部分组成。问题描述旨在为学生建立问题提出的背景，指明问题“是什么”。基本要求则对问题进一步求精，划出问题的边界，指出具体的参量或前提条件，并规定该题的最低限度要求。选做部分向那些尚有余力的读者提出了更高的要求，同时也能开拓其他读者的思路，在完成基本要求时就力求避免就事论事的不良思想方法，尽可能寻求具有普遍意义的解法，使得程序结构合理，容易修改、扩充和重用。

2.2 总体要求

2.2.1 系统分析与系统设计

1. 软件生存周期

软件生存周期是指一个软件从提出开发要求开始直到该软件报废为止的整个时期。通常，软件生存周期包括可行性分析和项目开发计划、需求分析、概要设计、详细设计、编码、测试、维护等活动，可以将这些活动以适当方式分配到不同阶段去完成。

（1）可行性分析和项目开发计划

明确“要解决的问题是什么”、“解决的问题的办法和费用”、“解决的问题所需的资源和时间”。

要回答这些问题，就要进行问题定义、可行性分析，制订项目开发计划。

（2）需求分析

需求分析阶段的任务是准确地确定软件系统必须做什么，确定软件系统具备哪些功能，写出软件需求规格说明书。

（3）概要设计

概要设计的任务是把软件需求规格说明书中确定的各项功能转换成需要的体系结构。

（4）详细设计

详细设计就是为每个模块完成的功能进行具体描述，要把功能描述转变为精确的、结构化的过程描述。

（5）编码

编码就是把每个模块的控制结构转换成计算机可接受的程序代码。

（6）测试

测试是保证软件质量的重要手段，其主要方式是在设计测试用例的基础上检验软件的各个组成部分。测试分为单元测试、集成测试、确认测试。

（7）维护

软件维护是软件生存周期中时间最长的阶段。已交付的软件投入正式使用后，便进入软件维护阶段，它可以持续几年，甚至几十年。

2. 系统分析

“分析就是在采取行动之前，对问题的研究”（Demarco,1978）。系统分析在软件开发过程中是非常重要的。系统分析采用系统工程思想方法，对项目的实际情况进行分析综合，制订各种可行方案，为系统设计提供依据。其任务包括对用户进行需求调查，在明确系统目标基础上，开展用户机构设置、业务关系、数据流程等方面的深入研究和分析，提出系统的结构方案和逻辑模型。系统分析是使系统设计达到合理、优化的重要步骤，该阶段的工作深入与否，直接影响到将来新系统的设计质量和实用。

需求分析是对用户要求和用户情况进行调查分析，确定系统的用户结构、工作流程、用户对应用界面和程序接口的要求，以及系统应具备的功能等，是系统开发的准备阶段。

需求分析的基本任务：

（1）问题识别

① 功能需求：明确所开发的软件必须具备什么样的功能。

② 性能需求：明确待开发的软件的技术性能指标。

③ 环境需求：明确软件运行时所需要的软、硬件的要求。

④ 用户界面需求：明确人机交互方式、输入输出数据格式。

（2）分析与综合，导出软件的逻辑模型

分析人员对获取的需求，进行一致性的分析检查，在分析、综合中逐步细化软件功能，划分成各个子功能。用图文结合的形式，建立起新系统的逻辑模型。

（3）编写文档

① 编写“需求规格说明书”，把双方共同的理解与分析结果用规范的方式描述出来，作为今后各项工作的基础。

② 编写初步用户使用手册，着重反映被开发软件的用户功能界面和用户使用的具体要求，用户手册能强制分析人员从用户使用的观点考虑软件。

③ 编写确认测试计划，作为今后确认和验收的依据。

④ 修改完善软件开发计划。在需求分析阶段对待开发的系统有了更进一步的了解，所以能更准确地估计开发成本、进度及资源要求，因此对原计划要进行适当修正。

3. 系统设计

系统设计的任务是将系统分析阶段提出的逻辑模型转化为相应的物理模型，设计内容随系统目标、数据性质和系统功能的不同而存在很大差异。首先应根据系统研制的目标，确定系统功能；其次是数据分类和编码，完成空间数据的存储和管理；最后是系统的建模和产品的输出。

系统设计是整个软件开发的核心，不但要完成逻辑模型所规定的任务，而且要使所设计的系统达到最优化。一个优化的软件系统必须具有运行效率高、控制性能好和可变性强等特点。要提高系统的运行效率，应尽量避免中间文件的建立，减少文件扫描的次数，尽量采用优化的数据处理算法。为了提高系统的可变性，最有效的方法是采用模块化的结构设计方法，首先将系统作为统一整体，然后按功能逐步分解为若干个模块，这样设计出来的系统才能做到可变性好和具有生命力。

2.2.2 详细设计与编码

1. 详细设计的基本任务

（1）为每个模块进行详细的算法设计。用某种图形、表格、语言等工具将每个模块处理过程的详细算法描述出来。

（2）为模块内的数据结构进行设计。对于需求分析、概要设计确定的概念性的数据类型进行确切的定义。

（3）对数据结构进行物理设计，即确定数据库的物理结构。物理结构主要指数据库的存储记录格式、存储记录安排和存储方法，这些都依赖于具体所使用的数据库系统。

（4）其他设计。根据软件系统的类型，还可能要进行以下设计。

① 代码设计。为了提高数据的输入、分类、存储、检索等操作，节约内存空间，对数据库中的某些数据项的值要进行代码设计。

② 输入/输出格式设计。

③ 人机对话设计。对于一个实时系统，用户与计算机频繁对话，因此要进行对话方式、内容、格式的具体设计。

（5）编写详细设计说明书。

（6）评审。对处理过程的算法和数据库的物理结构都要评审。

2. 结构化程序设计方法

详细设计是软件设计的第二阶段，主要确定每个模块具体执行过程，也称“过程设计”，详细设计的目标不仅是逻辑上正确地实现每个模块的功能，而且要使设计出的处理过程清晰易读。过程设计中采用的典型方法是结构化程序设计（简称 SP）方法，最早是由 E.W.Dijkstra 在 20 世纪 60 年代中期提出的，它是实现详细设计目标的关键技术之一。

结构化程序设计方法的基本要点如下。

（1）采用自顶向下、逐步求精的程序设计方法：在需求分析、概要设计中，都采用了自顶向下，逐层细化的方法。

（2）使用三种基本控制结构构造程序：任何程序都可由顺序、选择、重复三种基本控制结构构造。

① 用顺序方式对过程分解，确定各部分的执行顺序。

② 用选择方式对过程分解，确定某个部分的执行条件。

③ 用循环方式对过程分解，确定某个部分进行重复的开始和结束的条件。

④ 对处理过程仍然模糊的部分反复使用以上分解方法，最终可将所有细节确定下来。

3. 编码

编码即程序设计，是对详细设计的结果的进一步求精，用面向对象语言（如 C++）表达出来。在充分理解和把握语言运行机制的基础上，编写出正确的、清晰的、易读易改和高效率的程序。另外，在标识符的命名、代码的长度（一个方法长度一般不超过 40 行，否则应划分为两个或多个方法）、程序书写的风格（如缩进格式、空格或空行的应用、注释等）方面也应注意，遵循统一的规范。

2.2.3　上机调试和测试

软件测试的目的是尽可能多地发现程序中的错误，而调试则是在进行了成功的测试之后才开始的工作。调试的目的是确定错误的原因和位置，并改正错误，因此调试也称为纠错。

1. 调试技术

（1）简单的调试方法

① 在程序中插入打印语句。该办法的优点是能显示程序的动态过程，较易检查源程序的有关信息。缺点是效率低。

② 运行部分程序。测试某些被怀疑有错的程序段，只执行需要检查的程序段，提高效率。

（2）归纳法调试

归纳法是一种从特殊到一般的思维过程，从对个别事例的认识当中，概括出共同特点，得出一般性规律的思考方法。

（3）演绎法调试

演绎法是一种从一般的推测和前提出发，运用排除和推断做出结论的思考方法。演绎法调试是列出所有可能性的错误原因的假设，然后利用测试数据排除不适当的假设，最后再测试数据验证余下的假设确实是出错的原因。

（4）回溯法调试

该方法从程序产生错误的地方出发，人工沿程序的逻辑路径返回搜索，直到找到错误的原因为止。

2. 软件测试的目的及原则

（1）软件测试的目的

① 软件测试是为了发现错误而执行程序的过程。

② 一个好的测试用例能够发现至今尚未发现的错误。

③ 一个成功的测试是发现了至今尚未发现的错误的测试。

因此，测试阶段的基本任务应该是根据软件开发各阶段的文档资料和程序的内部结构，精心设计一组“高产”的测试用例，利用这些实例执行程序，找出软件中潜在的各种错误和缺陷。

（2）测试方法

软件测试方法一般分为两大类：动态测试方法与静态测试方法，而动态测试方法又根据测试用例的设计方法不同，分为黑盒测试与白盒测试两类。

静态测试是指被测试程序不在机器上运行，而是采用人工检测和计算机辅助静态分析的手段对程序进行检测。人工检测不是依靠计算机，而是靠人工审查程序或评审软件。利用静态分析工具对被测试程序进行特性分析，从程序中提取一些信息，以便检查程序逻辑的各种缺陷和可疑的程序构造。

一般意义上的测试大多是指动态测试，有两种方法，分别是黑盒测试法和白盒测试法。

黑盒测试把被测试对象看成一个黑盒子，测试人员完全不考虑程序的内部结构和处理过程，只在软件的接口处进行测试，依据需求规格说明书，检查程序是否满足功能要求。因此，黑盒测试又称为功能测试或数据驱动测试。通过黑盒测试主要发现以下错误。

① 是否有不正确或遗漏了的功能。

② 在接口上，能否正确地接受输入数据，能否产生正确的输出信息。

③ 访问外部信息是否有错。

④ 性能上是否满足要求等。

白盒测试把测试对象看作一个打开的盒子，测试人员需了解程序的内部结构和处理过程，以检查处理过程的细节为基础，对程序中尽可能多的逻辑路径进行测试，检查内部控制结构和数据结构是否有错，实际的运行状态与预期的状态是否一致。

黑盒测试和白盒测试都不能使测试达到彻底。为了用有限的测试发现更多的错误，需精心设计测试用例。

2.2.4 课程设计报告

1. 课程设计报告的内容及要求

（1）需求和规格说明

描述问题，简述题目要解决的问题是什么，规定软件做什么。

（2）设计（算法分析、具体实现）

① 设计思想：程序结构（如类图），重要的数据结构。主要算法思想（文字描述，不要画框图）。

② 设计表示：类名及其作用，类中数据成员名称及作用，类中成员函数原型及其功能，可以用表格形式表达。

③ 实现注释：各项要求的实现程度，在完成基本要求的基础上还实现了什么功能。

④ 详细设计表示：主要算法的框架及实现此算法的成员函数接口。

（3）用户手册

使用说明，包括数据输入时的格式要求。

（4）测试与思考

调试过程中遇到的主要问题是如何解决的，对设计和编码的回顾讨论和分析，程序运行的时空效率分析，测试数据集，运行实例，改进设想，经验和体会等。

2. 附录

源程序清单：打印文本和磁盘文件，磁盘文件是必须的。源程序要加注释，除原有注释外，再用钢笔加一些必要的注释和断言。

测试数据：列出测试数据集。

运行结果：测试数据输入后程序运行的结果。

2.3 课程设计样例——学生成绩管理系统

2.3.1 目标与要求

1. 目标

（1）掌握和利用C语言进行程序设计的能力。

（2）理解和运用结构化程序设计的思想和方法。

（3）掌握开发一个小型实用系统的基本方法。

（4）学会调试一个较长程序的基本方法。

（5）掌握书写程序设计开发文档的能力（书写课程设计报告）。

2. 要求

（1）用C语言实现系统。

（2）利用结构体数组实现学生成绩的数据结构设计。

（3）系统具有增加、查询、插入、排序等基本功能。

（4）系统的各个功能模块要求用函数的形式实现。

（5）完成设计任务并书写课程设计报告。

（6）将学生成绩信息存在文件中。

2.3.2 分析

1. 学生成绩管理系统的主要功能

（1）输入学生记录

（2）查看数据

（3）插入数据

（4）查找数据

（5）更新数据

（6）保留数据

（7）显示或打印数据

（8）退出系统

2. 题目分析

该题主要考察学生对结构体、指针、文件的操作，以及C语言算法的掌握，所以完成此道题目要求较强的设计能力，尤其是要有一种大局观的意识。如何调试程序也非常重要，通过这个程序可以学习到以前调试短程序没有的经验。菜单中的每一个选项都对应一个子程序。

2.3.3 实现步骤

1. 系统需求

（1）当前学生信息:通过结构体 struct student 来保存学生的姓名、学号、性别、语文、数学、英语和计算机等相关信息，并且通过 cin 函数来给当前学生输入初始信息。

（2）学生成绩查询: 输入一个学号，在文件中查找此学生，若找到，则输出此学生的全部信息和成绩，若找不到，则输出查找失败的信息，同时也可以全部把各科的平均成绩、最高分和最低分输出。

（3）新生插入：通过该生的学号和原班上的学生的学号比较大小，若大就在后，若小则靠前排，将此生的信息保存下来。

（4）输出全部学生信息和全部学生成绩。

（5）退出系统。

2. 总体设计

仔细阅读系统要求，首先将此系统化分为如下模块。

（1）输入初始的学生信息：其中包括学生的姓名、学号和性别以及学生的语文、数学、英语和计算机等相关信息，可用函数 cin(stu *p1)来实现此操作。

（2）查询模块：可用 stu *lookdata(stu *p1)来实现。找到就输出此学生全部信息，包括学生的语文、数学、英语和计算机等的成绩。

（3）插入模块：可用 inser()函数来实现。通过学号的大小来比较，并且以此来排序。

（4）输出学生的信息以及成绩：通过学生的姓名来查看学生的语文、数学、英语和计算机等相关成绩，同时也可以分别通过 caverage()、maverage()、eaverage()和 comaverage()来输出语文、数学、英语和计算机等成绩的平均分数、最高分和最低分。

（5）退出系统：可用一个函数 exit()来实现，首先将信息保存到文件中，释放动态创建的内存空间，再退出此程序。

3. 详细设计

（1）界面设计

此系统界面采用图形和数字化菜单设计。

主界面设计如下：

学生成绩管理系统

请选择相应的数字执行相应的功能：

1：是否输入其他数据

2：查看数据

3：插入数据

4：查找数据

5：更新数据

6：保留数据

7：显示或打印数据

8：语文成绩状况

9：数学成绩状况

10：英语成绩状况

11：计算机成绩状况

12：退出系统

（2）数据结构设计

程序设计中用到的结构体类型，即学生信息结构体类型：

```
typedef struct student
```

```
{
    char name[MAX];
    int num[MAX];
    char sex[MAX];
    int chinese;
    int mathematic;
    int english;
    int computer;
    struct student *next;
}
```

（3）程序代码

```
/* kcsj.c */
/*原始密码是123456*/
#include "stdio.h"
#include "stddef.h"
#include "string.h"
#include "stdlib.h
#define MAX 10
typedef struct student                              /*定义结构体*/
{
    char name[MAX];                                 /*姓名*/
    int num[MAX];                                   /*学号*/
    char sex[MAX];                                  /*性别*/
    int chinese;                                    /*语文*/
    int mathematic;                                 /*数学*/
    int english;                                    /*英语*/
    int computer;                                   /*计算机*/
    struct student *next;                           /*结构体指针*/
}stu;
stu *head;                                          /*头指针*/
void print()                                        /*显示或打印函数*/
{
    system("cls");
    printf("\t\t\tScore Manage System\n");          /*成绩管理系统*/
    printf("<1>Enter Record\t");                    /*输入数据*/
    printf("<2>Display\t");                         /*显示*/
    printf("<3>Insert\t");                          /*插入数据*/
    printf("<4>Quest\t");                           /*访问数据*/
    printf("<5>Update\t");                          /*以前数据*/
    printf("<6>Save\t");                            /*保留数据*/
    printf("<7>Fresh\t");                           /*更新数据*/
    printf("<8>Chinese Average\t");                 /*语文平均成绩*/
    printf("<9>Math Average\t");                    /*数学平均成绩*/
    printf("<10>English Average\t");                /*英语平均成绩*/
    printf("<11>Computer Average\t");               /*计算机平均成绩*/
    printf("<12>Quit\t\n");                         /*退出*/
}
```

```
void cin(stu *p1)                                    /*输入相关数据的函数*/
{
        printf("Enter name:");
        scanf("%s",&p1->name);
        printf("\nEnter num:");
        scanf("%d",&p1->num);
        printf("\nEnter sex:");
        scanf("%s",&p1->sex);
        printf("\nEnter score:\n");
        printf("Enter chinese:");
        scanf("%d",&p1->chinese);
        printf("\nEnter math:");
        scanf("%d",&p1->mathematic);
        printf("\nEnter English:");
        scanf("%d",&p1->english);
        printf("\nEnter Computer:");
        scanf("%d",&p1->computer);
}
stu *cindata()                                       /*其他数据是否继续输入的函数*/
{
    stu *p1,*p2;
    int i=1;
    char ch;
    p1=(stu *)malloc(sizeof(stu));
    head=p1;
    while(i)
   {
    cin(p1);
    printf("Do you Want to Continue?yes or no");  /*是否继续输入数据*/
    ch=getchar();
    ch=getchar();
    if(ch=='n'||ch=='N')
        {
            i=0;
            p1->next=NULL;
        }
    else
        {
            p2=p1;
            p1=(stu *)malloc(sizeof(stu));
            p2->next=p1;
        }
   }
   return(p1->next);
}
stu *lookdata(stu *p1)                               /*查看数据的函数*/
{
   while(p1!=NULL)
   {
    printf("Num:%d\t",p1->num);
    printf("Name:%s\t",p1->name);
    printf("Sex:%s\t",p1->sex);
    printf("\n");
    printf("Chinese:%d\t",p1->chinese);
```

```
        printf("Math:%d\t",p1->mathematic);
        printf("English:%d\t",p1->english);
        printf("Computer:%d\t",p1->computer);
        printf("\n");
        p1=p1->next;
    }
    return p1;
}
void insert()                                    /*通过比较学号来插入数据的函数*/
{
    stu *p1, *p3, *p2;
    p1=head;
    p3=(stu *)malloc(sizeof(stu));
    p3->next=NULL;
    if(head==NULL){ head=p3; return;}
    cin(p3);
    while(p1!=NULL&&(p1->num<p3->num))           /*通过学号的比较来插入*/
    { p2=p1;p1=p1->next;}
    if(p2==head) {p3->next=head; head=p3; return;}
    p3->next=p1;
    p2->next=p3;
}
void find(stu *p2)                               /*通过姓名查找查看数据的函数*/
{
    char name[20];
    int b=0;
    printf("Enter the name of the student you want to find:");/*通过姓名查找*/
    scanf("%s",name);
    while(p2!=NULL)
    {
        if(strcmp(name,p2->name)==0)
        {
            printf("The data you want has be found\n");
            printf(" Name:%s\t",p2->name);
            printf("Num:%d\t",p2->num);
            printf("sex%s\t",p2->sex);
            printf("\n");
            printf("Chinese:%d\t",p2->chinese);
            printf("Math:%d\t",p2->mathematic);
            printf("English:%d\t",p2->english);
            printf("Computer:%d\t",p2->computer);
            printf("\n");
            b=1;
        }
        else if(b==0)
                printf("sorry not find data!");
        p2=p2->next;
    }
    if(b==1)
    {
        print();
        printf("Find one\n");
    }
    else
    {
```

```
            print();
            printf("Not find\n");
        }
    }
    void caverage()                    /*求各学生语文平均分、最高分和最低分成绩的函数*/
    {
        stu *p1;
        int i;
        float max=0.0,min=200.0;
        float sum=0.0,aver=0;
        p1=head;
        if(p1==NULL)
              printf("not data!");
        else
        {
             for(i=0;p1!=NULL;i++,p1=p1->next)
                 sum+=(float)p1->chinese;
             aver=sum/i;
             p1=head;
             for(i=0;p1!=NULL;i++,p1=p1->next)
             {
                 if(max<p1->chinese)
                 max=(float)p1->chinese;
             }
             p1=head;
             for(i=0;p1!=NULL;i++,p1=p1->next)
                 if(min>p1->chinese)
                 min=(float)p1->chinese;
         }
         printf("Chinese Average:%f",aver);
         printf("Chinese Max:%f",max);
         printf("Chinese Min:%f",min);
    }
    void maverage()                    /*求各学生数学平均分、最高分和最低分成绩的函数*/
    {
        stu *p1;
        int i;
        float max=0.0,min=200.0;
        float sum=0.0,aver=0;
        p1=head;
        if(p1==NULL) printf("not data!");
        else
         {
             for(i=0;p1!=NULL;i++,p1=p1->next)
                 sum+=(float)p1->mathematic;
             aver=sum/i;
             p1=head;
             for(i=0;p1!=NULL;i++,p1=p1->next)
             {
                 if(max<p1->mathematic) max=(float)p1->mathematic;
             }
             p1=head;
             for(i=0;p1!=NULL;i++,p1=p1->next)
                 if(min>p1->mathematic)
                     min=(float)p1->mathematic;
```

```
    }
    printf("Mathe Average:%f",aver);
    printf("Mathe Max:%f",max);
    printf("Mathe Min:%f",min);
}
void eaverage()                    /*求各学生英语平均分、最高分和最低分成绩的函数*/
{
    stu *p1;
    int i;
    float max=0.0,min=200.0;
    float sum=0.0,aver=0;
    p1=head;
    if(p1==NULL)
        printf("not data!");
    else
    {
        for(i=0;p1!=NULL;i++,p1=p1->next)
            sum+=(float)p1->english;
        aver=sum/i;
        p1=head;
        for(i=0;p1!=NULL;i++,p1=p1->next)
        {
            if(max<p1->english)
            max=(float)p1->english;
        }
        p1=head;
        for(i=0;p1!=NULL;i++,p1=p1->next)
            if(min>p1->english)
            min=(float)p1->english;
    }
    printf("English Average:%f",aver);
    printf("English Max:%f",max);
    printf("English Min:%f",min);
}
void comaverage()                  /*求各学生计算机平均分、最高分和最低分成绩的函数*/
{
    stu *p1;
    int i;
    float max=0.0,min=200.0;
    float sum=0.0,aver=0;
    p1=head;
    if(p1==NULL)
        printf("not data!");
    else
    {
        for(i=0;p1!=NULL;i++,p1=p1->next)
            sum+=(float)p1->computer;
        aver=sum/i;
        p1=head;
        for(i=0;p1!=NULL;i++,p1=p1->next)
        {
            if(max<p1->computer)
            max=(float)p1->computer;
        }
        p1=head;
```

```
            for(i=0;p1!=NULL;i++,p1=p1->next)
                if(min>p1->computer)
                min=(float)p1->computer;
        }
        printf("Computer Average:%f",aver);
        printf("Computer Max:%f",max);
        printf("Computer Min:%f",min);
    }
    void update(stu *p2)                          /*通过姓名查找来更新数据*/
    {
        char name[10];                            /*p2 为指向结构体 struct student 的指针*/
        int b=0;
        printf("Enter The Name");                 /*输入姓名*/
        scanf("%s",name);
        while(p2!=NULL)
        {
            if(strcmp(name,p2->name)==0)
            {
                printf("Find you data\n");
                scanf("Name:%s",p2->name);
                scanf("Num:%s",p2->num);
                scanf("Sex:%s",p2->sex);
                scanf("Chinese:%d",p2->chinese);
                scanf("Math:%d",p2->mathematic);
                scanf("english:%d",p2->english);
                scanf("Computer:%d",p2->computer);
                printf("Success!");
                b=1;
            }
            else if(b==0)
                printf("Sorry not Find data!");
            p2=p2->next;
        }
        if(b==0)
        {
            print();
            printf("Sorry not Find data!");
        }
        else
        {
            print();
            printf("Finish!");
        }
    }
    void save(stu *p2)                                /*保留数据函数*/
    {
        FILE *fp;
        char file[10];
        printf("Enter file name");                    /*输入文件名*/
        scanf("%s",file);
        fp=fopen(file,"w");
        while(p2!=NULL)
        {
            fprintf(fp,"%s",p2->name);
```

```
        fprintf(fp,"%s",p2->num);
        fprintf(fp,"%s",p2->sex);
        fprintf(fp,"%d",p2->chinese);
        fprintf(fp,"%d",p2->mathematic);
        fprintf(fp,"%d",p2->english);
        fprintf(fp,"%d",p2->computer);
        p2=p2->next;
    }
    fclose(fp);
}
char password[7]="123456";                  /*定义初始密码*/
void main()                                 /*主函数*/
{
    int choice;
    stu *p2;
    char s[8];
    int flag=0,i;                           /*标志项*/
    int n=3;
    do
    {
        printf("Enter password:\n");
        scanf("%s",s);
        if(!strcmp(s,password))             /*进行密码匹配验证*/
        {
            printf("PASS\n\n\n");
            flag=1;
            break;
        }
        else
        {
            printf("Error Enter again:\n");
            n--;
        }
     }while(n>0);
    if(!flag)
    {
        printf("you have Enter 3 times!");          /*输入密码超过了3次!! */
        exit(0);                                    /*自动退出*/
    }
                                                    /*密码验证成功后进入的界面*/
    printf("~~~~~~~~~~\t\t\t~~~~~~~~~~~~~\n");      /*操作界面*/
    printf("\t\tWelcom to the Mis\n");
    /*作者、班级、号码、地址*/
    printf("Author:-----\tClass:------\tNum:------Adress:HG\n");
    printf("%%%%%%%%%%%%%%%%%%%%%%%%%%%%\n");
    printf("\t\tEnter OP:\n");
    printf("=============\t\t==============\n");
    printf("=============\t\t==============\n");
    printf("\t\tEnter the MIS yes or no\n");        /*询问进入系统与否*/
    scanf("%d",&choice);
    if(choice=='n'||choice=='N')
        exit(1);
    print();
    while(1)
    {
```

```
        printf("Enter choice:");
        scanf("%d",&i);
        if(i<1||i>13)
        {
            printf("Enter num from 1 to 13:\n");   /*从1~13中进行选择*/
            exit(1);
        }
        switch(i)
        {
            case 1:
                    p2=cindata();          /*其他数据是否继续输入的函数*/
                    break;
            case 2:
                    p2=lookdata(head);     /*查看数据的函数*/
                    break;
            case 3:
                    insert();              /*通过比较学号来插入数据的函数*/
                    break;
            case 4:
                    find(head);            /*通过姓名查找查看数据的函数*/
                    break;
            case 5:
                    update(head);          /*通过姓名查找来更新数据*/
                    break;
            case 6:
                    save(head);       /*保留数据函数*/
                    break;
            case 7:
                    print();               /*显示或打印函数*/
                    break;
            case 8:
                    caverage();       /*求各学生语文平均分、最高分和最低分成绩的函数*/
                    break;
            case 9:
                    maverage();       /*求各学生数学平均分、最高分和最低分成绩的函数*/
                    break;
            case 10:
                    eaverage();       /*求各学生英语平均分、最高分和最低分成绩的函数*/
                    break;
            case 11:
                    comaverage();     /*求各学生计算机平均分、最高分和最低分成绩的函数*/
                    break;
            case 12:
                    ;                 /*空操作*/
            case 13:
                    exit(1);     /*退出*/
                    break;
        }
        scanf("%d",&i);
        }
}
```

2.3.4　测试

（1）运行结果如图 2.1 所示。

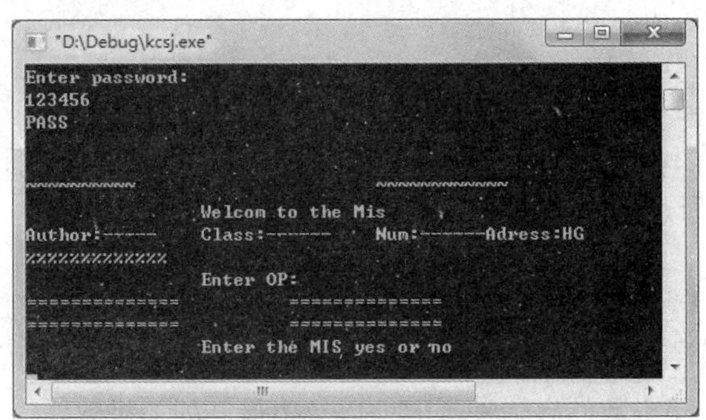

图 2.1　运行结果

（2）选择“<1>Enter Record”输入记录，如图 2.2 所示。

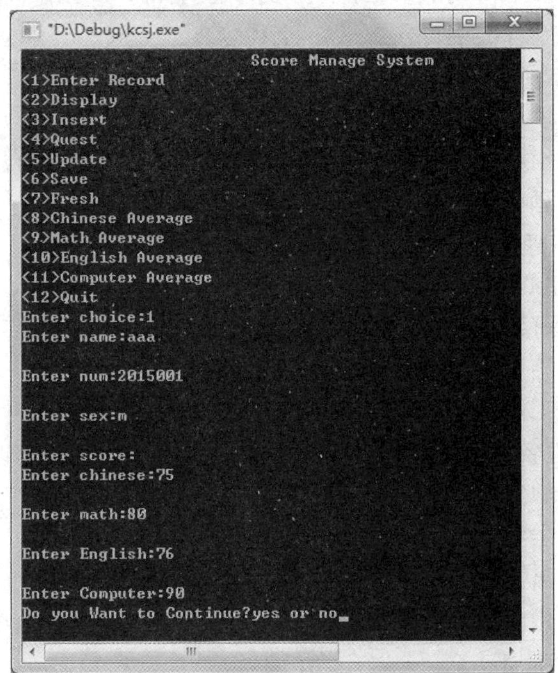

图 2.2　选择“<1>Enter Record”输入记录

2.4　课程设计参考题目

题目 1：模拟人工洗牌

编写一个模拟人工洗牌的程序，将洗好的牌分别发给四个人。

要求：

1. 使用结构 card 来描述一张牌，用随机函数来模拟人工洗牌的过程，最后将洗好的 52 张牌按顺序分别发给四个人。

2. 对每个人的牌要按桥牌的规则输出，即一个人的牌要先按牌的花色（顺序为梅花、方块、红心和黑桃）进行分类，同一类的牌要再按 A、K、Q、J、…、3、2 牌的大小顺序排列。

3. 发牌应按四个人的顺序依次分发。

注意，C++随机数函数有：

```
void srand(unsigned seed)
```

功能：函数可以设置 rand 函数所用到的随机数产生算法的种子值。任何大于 1 的种子值都会将 rand 随机数产生函数所产生的虚拟随机数序列重新设置一个起始点。

```
int rand(void)
```

功能：此函数可以产生介于 0 到 32767 间的虚拟随机数，所谓虚拟随机数的意思就是因为当只设置相同的启动种子值，所产生的数值序列都是可预测的。要产生不可预测的数值序列，必须通过 srand 函数不断改变随机数的启始种子值，以产生最佳的随机数。

题目 2：运动会比赛计分系统

要求：初始化输入 N-参赛学校总数，M-男子竞赛项目数，W-女子竞赛项目数；各项目名次取法有取前 5 名，第一名得分 7 分，第二名得分 5，第三名得分 3，第四名得分 2，第五名得分 1，取前 3 名，第一名得分 5，第二名得分 3，第三名得分 2。

1. 系统以菜单方式工作。
2. 由程序提醒用户填写比赛结果，输入各项目获奖运动员信息。
3. 所有信息记录完毕后，用户可以查询各个学校的比赛成绩。
4. 查看参赛学校信息和比赛项目信息等。

题目 3：学生学籍管理系统

用数据文件存放学生的学籍，可对学生学籍进行注册、登录、修改、删除、查找、统计、学籍变化等操作（用文件保存）。

要求：

1. 系统以菜单方式工作。

登记学生的学号、姓名、性别、年龄、籍贯、系别、专业、班级，修改已知学号的学生信息。

2. 删除已知学号的学生信息。
3. 查找已知学号的学生信息。
4. 按学号、专业输出学生籍贯表。
5. 查询学生学籍变化情况、如入学、转专业、退学、降级、休学、毕业。

题目 4：通信录程序设计

设计一个实用的小型通信录程序，具有添加、查询和删除功能。由姓名、籍贯、电话号码 1、电话号码 2、电子邮箱组成，姓名可以由字符和数字混合编码，电话号码可由字符和数字组成（用文件保存）。

要求：

1. 系统以菜单方式工作
2. 信息录入功能
3. 信息浏览功能
4. 信息查询功能
5. 信息修改功能

6. 系统退出功能

题目5：班级档案管理系统

对一个有N个学生的班级，通过该系统实现对该班级学生的基本信息进行录入、显示、修改、删除、保存等操作的管理。

要求：

1. 本系统采用一个包含N个数据的结构体数组，每个数据的结构应当包括：学号、姓名、性别、年龄、备注。

2. 系统菜单：

（1）学生基本信息录入

（2）学生基本信息显示

（3）学生基本信息保存

（4）学生基本信息删除

（5）学生基本信息修改（要求先输入密码）

（6）学生基本信息查询

① 按学号查询

② 按姓名查询

③ 按性别查询

④ 按年龄查询

（7）退出系统

3. 执行一个具体的功能之后，程序将重新显示菜单。

4. 将学生基本信息保存到文件中。

5. 进入系统之前要先输入密码。

题目6：职工工资管理系统

要求：

1. 输入记录：将每一个职工的姓名、ID号以及基本工资、职务工资、岗位津贴、医疗保险、公积金的数据作为一个记录。该软件能建立一个新的数据文件或对已建立好的数据文件增加记录。

2. 显示记录：根据用户提供的记录或者根据职工姓名显示一个或几个职工的各项工资和平均工资。

3. 修改记录：可以对数据文件的任意记录的数据进行修改并在修改前后对记录内容进行显示。

4. 查找记录：可以对数据文件的任意记录的数据进行查找，并在查找前后对记录内容进行显示。

5. 删除记录：可删除数据文件中的任一记录。

6. 统计：

（1）计算各项工资平均工资及总工资。

（2）统计符合指定条件（如职工工资前三项之和在3000元以上、3000～2000元、2000～1000元）以内的工资职工人数及占总职工人数的百分比。

（3）按字符表格形式打印全部职工工资信息表及平均工资（包括各项总的平均工资）。

7. 保存数据文件功能。

例如：职工工资信息表

ID 号	姓名	基本工资	职务工资	津贴	医疗保险	公积金	总工资
01	张望	1286	794	198	109	135	2034
02	李明	1185	628	135	94	114	1740
03	王小民	895	438	98	64	73	1294
04	张效章	1350	868	210	116	150	2162
05	彭山	745	398	84	61	68	1098
……………………							
各项平均工资		1092.2	625.2	145	88.8	108	

题目 7：工资纳税系统

要求：输入工资计算出纳税金额。

个人所得税每月交一次，底线是 1600 元/月，也就是超过了 1600 元的月薪才开始计收个人所得税。个人所得税税率表一（工资、薪金所得适用）

级数----------全月应纳税所得额-----------------税率（%）

1--------------不超过 500 元的---------------------------5

2----------超过 500 元至 2000 元的部分------------10

3----------超过 2000 元至 5000 元的部分----------15

4----------超过 5000 元至 20000 元的部分---------20

5----------超过 20000 元至 40000 元的部分-------25

6----------超过 40000 元至 60000 元的部分-------30

7----------超过 60000 元至 80000 元的部分-------35

8----------超过 80000 元至 100000 元的部分------40

9----------超过 100000 元的部分----------------------45

表中的应纳税所得额是指以每月收入额减去 1600 元后的余额。

例如：计算为 2500-1600=900

应纳个人所得税税额=500×5%+400×10% =65

再比如：我们用一个大额工资计算，25000 元。

应纳税所得额=25000-1600=23400

应纳个人所得税税额=500×5%+1500×10%+3000×15%+15000×20%+3400×25%=4475

题目 8：会员卡计费系统

设计一个会员卡计费管理系统。

要求：

1. 新会员登记。将会员个人信息及此会员的会员卡信息进行录入。
2. 会员信息修改。
3. 会员续费。会员出示会员卡后，管理人员根据卡号查找到该会员的信息并显示。此时可以进行续费，续费后，提示成功，并显示更新后的信息。
4. 会员消费结算。会员出示会员卡后，管理人员根据卡号查找到该会员的信息，结算本次费用。提示成功，并显示更新后的信息。累计消费满 1000 元，即自动升级为 VIP 会员，之后每次消费给予 9 折优惠。
5. 会员退卡。收回会员卡，并将余额退还，删除该会员信息。
6. 用菜单进行管理。
7. 统计功能。

（1）能够按每个会员的缴费总额进行排序。在排序的最后一行显示所有会员的缴费总额，以及消费总额。

（2）能够按累计消费总额进行排序。在排序的最后一行显示所有会员的缴费总额，以及消费总额。

题目 9：物业费管理系统

完成小区物业费管理系统设计，用菜单进行管理。

要求：

1. 新住户信息的添加。包括户主姓名、性别、身份证号、联系电话、楼号、单元号、房号、平米数、每平米物业价格、应缴纳物业费、备注信息。

2. 修改住户信息的功能。

3. 删除住户信息的功能。

4. 应缴物业费自动生成。每月 1 号，自动生成本月的物业费。如果该住户之前的物业费未交清，则将本月物业费与之前拖欠费用进行累加，为该用户应缴纳的物业费。

5. 缴费功能。根据用户缴纳金额，修改“应缴纳物业费”。

6. 统计功能：能够按楼号分类统计所有未交清物业费的记录。能够按拖欠款项多少，对所有用户信息进行从大到小排序。

题目 10：单项选择题标准化考试系统设计

设计一个对单项选择题的自动阅卷系统。

要求：

1. 用文件保存试题库。每个试题包括题干、4 个备选答案、标准答案。

2. 试题录入：可随时增加试题到试题库中。

3. 试题抽取：每次从试题库中可以随机抽出 N 道题（N 由键盘输入）。

4. 答题：用户可实现输入自己的答案。

5. 自动判卷：系统可根据用户答案与标准答案的对比实现判卷并给出成绩。

题目 11：手机电话簿管理系统设计

用 C 设计出模拟手机通信录管理系统，实现对手机中的通信录进行管理。

要求：

1. 查看功能：选择此功能时，列出下列三类选择。

　A. 办公类　　　　B. 个人类

　C. 商务类 ，当选中某类时，显示出此类所有数据中的姓名和电话号码。

2. 增加功能：能录入新数据，一组数据包括：姓名、电话号码、分类（可选项有：A 办公类 B 个人类 C 商务类），以及电子邮件。例如

张军　18955272217 个人类 zhangjun@163.com

当录入了重复的姓名和电话号码时，则提示数据录入重复，并取消录入；当通信录中超过 15 条信息时，存储空间已满，不能再录入新数据；录入的新数据能按递增的顺序自动进行条目编号（并保存到文件中）。

3. 修改功能：选中某个人的姓名时，可对此人的相应数据进行修改。

4. 删除功能：选中某个人的姓名时，可对此人的相应数据进行删除，并自动调整后续条目的编号。

题目 12：文件加解密

文件的传输会有明文和密文的区别，明文发送是不安全的，用一个程序实现发送文件的加密和解密操作。加密算法、密钥设计由同学自己选择现有的加密解密算法或是自己设计。

要求：

1. 对文件的字符根据加密算法，实现文件加密。
2. 对操作给出必要的提示。
3. 对存在的 file1.txt 文件，必须先打开，后读写，最后关闭。加密后的文件放在 file2.txt。
4. 解密文件保存在 file3.txt 中。

题目 13：四边形计算

对于任意的四边形 ABCD，其对角线 AC 与 BD 的中点分别是 M、N，AB、CD 的延长线交于 R，如图 2.3 所示。验证三角形 RMN 的面积是四边形 ABCD 面积的四分之一。

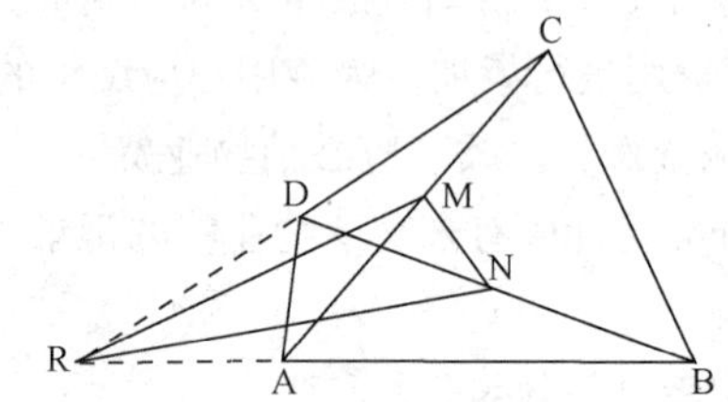

图 2.3　题目 13：设计一个模拟时间条的程序

题目 14：教学信息管理系统

要求：

1. 每一条记录包括一位教师的职工号、姓名、职称、性别、3 门主讲课程，包括课程名称、开课学期、课程性质（学位与非学位课）和教学效果，以及教学效果综合评分。
2. 输入功能：可以一次完成若干条记录的输入。
3. 显示功能：完成全部教师记录的显示。
4. 查找功能：完成按姓名或课程查找教师的相关记录，并显示。
5. 排序功能：按职工号或教学效果综合评分进行排序。
6. 插入功能：按教学效果综合评分高低插入一条教师记录。
7. 将教师记录保存在文件中。
8. 应提供一个界面来调用各个功能，调用界面和各个功能的操作界面应尽可能清晰美观。

题目 15：游戏程序

要求：编写一个棋盘游戏程序，用户为一方，计算机为一方，用户下棋时，字符 * 将放在所指定的位置，而计算机下棋时字符 @ 将放在某一空格位置。行、列或两对角线有连续三个相同字符一方为胜方，也有平局情况。要求能动态演示。

题目 16：算法设计

要求：一个人带有一只羊、一筐菜和一只狼要过河，但船上除了载一人以外，最多每次只能再带一样东西。而当人不在场的情况下，羊和菜在一起，羊要吃菜，狼和羊在一起，狼会吃羊。问怎样安排，人才可以安全地把三样东西都运过河去。

第3部分 模拟试题

3.1 模拟试题（一）

一、单项选择题（20 分，每题 1 分）

1. 可选作用户标识符的是______。

   A. void　　B. c5_b8　　C. for　　D. 3a

2. 在 C 语言中，非法的八进制是______。

   A. 018　　B. 016　　C. 017　　D. 0257

3. 若以下选项中的变量已正确定义，则正确的赋值语句是______。

   A. x1=26.8%3　　B. x3=0x12　　C. 1+2=x2　　D. x4=1+2=3;

4. 设 x,y,z,k 都是 int 型变量，则执行表达式：x=(y=4,z=16,k=32)后，x 的值为______。

   A. 4　　B. 16　　C. 32　　D. 52

5. 设 int 型变量 a 为 5，使 b 不为 2 的表达式是______。

   A. b=a/2　　B. b=6-(−a)　　C. b=a%2　　D. b=a>3?2:1

6. 一个 C 程序的执行是从______。

   A. main()函数开始，直到 main()函数结束　　B. 第一个函数开始，最后一个函数结束

   C. 第一个语句开始，最后一个语句结束　　D. main()函数开始，直到最后一个函数

7. C 语言中用于结构化程序设计的三种基本结构是______。

   A. 顺序结构、选择结构、模块结构　　B. 选择结构、循环结构、模块结构

   C. while　do- while　for　　D. 顺序结构、选择结构、循环结构

8. 以下叙述中不正确的是______。

   A. 在不同的函数中可以使用相同名字的变量

   B. 函数中的形式参数是局部变量

   C. 在一个函数内的复合语句中定义变量在本函数范围内有效

   D. 在一个函数内定义的变量只在本函数范围内有效

9. 若 k 为 int 类型，且 k 的值为 3，执行语句 k+=k−=k*k 后，k 的值为______。

   A. −3　　B. 6　　C. −9　　D. −12

10. 有以下程序，输出结果是______。

```
void main()
```

```
{
        int x=3,y=3,z=3;
        printf("%d  %d\n",(++x,y++),++z);
}
```

A. 3 3　　B. 3 4　　C. 4 2　　D. 4 3

11. 若有定义和语句：int a=21,b=021; printf("%x,%d \n",a,b);，则输出结果是______。

A. 17，15　　B. 16，18　　C. 17，19　　D. 15，17

12. 已有定义语句：int x=3,y=4,z=5;，则值为 0 的表达式是______。

A. x>y++　　B. x<=++y　　C. x!=y+z>y-z　　D. y%z>=y-z

13. 能正确表达逻辑关系“a≥10 或 a≤0”的 C 语言表达式是______。

A. a>=10 or a<=0　　B. a>=10||a<=0　　C. a>=10&&a<=0　　D. a>=10|a<=0

14. n 为整型常量，且 n=2;while(n--);printf(“%d” ,n);，则执行后的结果是______。

A. 2　　B. 1　　C. -1　　D. 0

15. 若有定义和赋值 double *q,a=5.5; int *p,i=1; double *q,a=5.5;int *p,i=1; p=&i; q=&a;，以下对赋值语句叙述错误的是______。

A. *p=*q ;改变 i 中的值

B. p=oxffd0;将改变 p 的值,使 p 指向地址为 ffd0 的存储单元

C. *q=*p;等同于 a=i;

D. *p=*q;是取 q 所指变量的值放在 p 所指的存储单元

16. 若有定义语句 double a[8],*p=a; int i=5;，则对数组元素错误的引用是______。

A. *a　　B. *a[5]　　C. *(p+i)　　D. p[8]

17. 以下选项中不能使指针正确指向字符串的是______。

A. char *ch;*ch="hello"　　B. char *ch="hello"

C. char *ch="hello";ch="bye"　　D. char *ch;ch="hello"

18. 若有说明和定义语句：union uti{int n;double g;char ch[9];} struct srt{float xy;union uti uv;}aa;，则变量 aa 所占内存的字节数是______。

A. 9　　B. 8　　C. 13　　D. 17

19. 设有语句

```
typedef struct S
{  int g;  char  h; }T;
```

则下面叙述中正确的是______。

A. 可用 S 定义结构体变量　　B. 可用 T 定义结构体变量

C. S 是 struct 类型的变量　　D. T 是 struct S 类型的变量

20. 有程序

```
#include <stdio.h>
void main()
{
    FILE *fp;  int i,k=0,n=0;
    fp=fopen("d1.dat","w");
    for(i=1;i<4;i++) fprintf(fp,"%d",i);
    fclose(fp);
    fp=fopen("d1.dat","r");
    fscanf(fp,"%d%d",&k,&n);
    printf("%d %d\n",k,n);
```

```
    fclose(fp);
}
```

执行后输出结果是______。

A. 1　2　　B. 123　0　　C. 1　23　　D. 0　0

二、填空题（24分，每空2分）

1. C语言源程序文件的扩展名是______，经过编译后，生成文件的扩展名是______，经过连接后，生成文件的扩展名是______。

2. 把a,b定义成长整型变量的定义语句是______。

3. 设x和y均为整型变量，且x=3，y=2，则1.0*x/y表达式的值为______。

4. 已有定义float x=5.5;，则表达式x=(int)x+2的值为______。

5. 已有定义int x=0,y=0;，则表达式(x+=2,y=x+3/2,y+5)后，变量x的值为______，变量y的值为______，表达式的值为______。

6. 执行for（i=1;i++<=5）语句后，变量i的值为______。

7. 数组是表示类型相同的数据，而结构体则是若干______数据项的集合。

8. C语言中文件是指______。

三、阅读程序，写出程序运行结果（25分，每题5分）

1. 程序运行结果为______。

```
#include <stdio.h>
void main()
{
    int a=1,c=65,d=97;
    printf("a8=%o,a16=%x\n",a,a);
    printf("c10=%d,c8=%o,c16=%x, cc=%c\n",c,c,c,c);
    d++;
    printf("d10=%d,dc=%c\n",d,d);
}
```

2. 程序运行结果为______。

```
#include <stdio.h>
void f(int x,int y)
{
    int t;
    if(x<y){ t=x;x=y;y=t; }
}
void main()
{
    int a=4,b=3;c=5;
    f(a,b); f(a,c); f(b,c);
    printf("%d,%d,%d",a,b,c);
}
```

3. 程序运行结果为______。

```
#include <stdio.h>
void main()
{
    int i=0,a=2;
    if(i==0) printf("**");
    else printf("$$");
    printf("*");
}
```

4. 当输入：1，程序运行结果为______。

```
#include <stdio.h>
void main()
{
    int sum=0,n;
    scanf("%d",&n);
    while(n<=5)
    {
        sum+=n;
        n++;
    }
    printf("sum=%d",sum);
}
```

5. 程序运行结果为______。

```
#include <stdio.h>
void main()
{
    int a[2][3]={{3,2,7},{4,8,6}};
    int *p,m;
    p=&a[0][0];
    m=(*p)*(*(p+2))*(*(p+4));
    printf("m=%d",m);
}
```

四、编程题（31 分）

1. 从键盘上输入若干个学生成绩，统计并输出最高成绩和最低成绩，当输入负数时结束输入。（10 分）

2. 求 3～100 的全部素数，并统计素数个数。（10 分）

3. 编写程序完成矩阵转置，即将矩阵的行和列对换。（11 分）

如将矩阵 9 7 5 1 转置为 9 3 4

3 1 2 8   7 1 6

4 6 8 10   5 2 8

1 8 10

3.2 模拟试题（二）

一、单项选择题（10 分，每题 2 分）

1. 判断字符串 s1 与字符串 s2 相等，应当使用______。

A. if (s1 = s2)   B. if (strcmp(s1, s2))

C. if (!strcmp(s1, s2))   D. if (strcmp(s1, s2) = 0)

2. 二维数组 a 有 m 行 n 列，则在 a[i][j]之前的元素个数为______。

A. j*n+i   B. i*n+j   C. i*n+j-1   D. i*n+j+1

3. 输出结果是______。

```
#include<stdio.h>
#include<string.h>
void main()
```

```
{
   printf("%d\n", strlen("IBM\n012\t\"\\\0"));
}
```

A. 10　　B. 11　　C. 16　　D. 12

4. 有程序片段：

```
int i = 0;
while(i++ <= 2);
printf("%d", i);
```

则正确的执行结果是______。

A. 2　　B. 3　　C. 4　　D. 程序陷入死循环

5. 下面哪个定义是合法的？______

A. char a[8] = "language";　　B. int a[5] = {0,1,2,3,4,5};

C. char *a = "string";　　D. int a[2][] = {0,1,2,3,4,5,6};

二、判断对错（6分，每题1分，对：√，错：×）

1. 在C语言中，可以用typedef定义一种新的类型。______
2. C语言中基本数据类型包括整型、实型、字符型。______
3. 不同的函数中可以使用相同的变量名。______
4. 形式参数是局部变量。______
5. 若有定义int *p[4];，则标识符p是一个指向有四个整型元素的一维数组的指针变量。______
6. 共用体所占的内存空间大小取决于占空间最多的那个成员变量。______

三、写出下列程序的运行结果（10分，每题2分）

1. 程序运行结果是______。

```
#include  <stdio.h>
void main( )
{
    int  a = 5, b = 4, x, y;
    x = 2 * a++ ;
    printf("a=%d, x=%d\n", a, x);
    y = --b * 2 ;
    printf("b=%d, y=%d\n", b, y);
}
```

2. 程序运行结果是______。

```
#include<stdio.h>
void fun1(int x)
{
    x=20;
}
void fun2(int b[4])
{
    int j;
    for(j=0; j<4; j++) b[j]=j;
}
void main()
{
    int x = 10;
    int a[4] = {1,2,3,4}, k;
    fun1(x);
    printf("x = %d\n", x);
    fun2(a);
```

```
    for(k=0; k<4; k++)
      printf("%d\n", a[k]);
}
```

3. 程序运行时输入：123456789↙，则程序运行结果是______。

```
#include <stdio.h>
void main()
{
    int  x, y;
    scanf("%2d%*4s%2d", &x, &y);
    printf("%d", y-x);
}
```

4. 程序运行结果是______。

```
#include <stdio.h>
struct date
{
    int year;
    int month;
    int day;
};
void func(struct date p)
{
    p.year = 2010;
    p.month = 5;
    p.day = 22;
}
void main()
{
    struct date d;
    d.year = 2016;
    d.month = 4;
    d.day = 23;
    printf("%d,%d,%d\n", d.year, d.month, d.day);
    func(d);
    printf("%d,%d,%d\n", d.year, d.month, d.day);
}
```

5. 程序运行结果是______。

```
#include<stdio.h>
void Fun(int *y)
{
    printf("*y = %d\n", *y);
    *y += 20;
    printf("*y = %d\n", *y);
}
void main()
{
    int x = 10;
    printf("x = %d\n", x);
    Fun(&x);
    printf("x = %d\n", x);
}
```

四、阅读程序，在标有下画线的空白处填入适当的表达式或语句，使程序完整并符合题目要求（10 分，每空 1 分）

1. 从键盘任意输入一个年号，判断它是否是闰年。若是闰年，输出“它是闰年”，否则输出

“它不是闰年”。已知符合下列条件之一者是闰年。

（1）能被 4 整除，但不能被 100 整除。

（2）能被 400 整除。

```
#include <stdio.h>
void main()
{
    int  year, flag;
    printf("Enter year:");
    scanf("%d",______);
    if (______) flag = 1;
    else  flag = 0;
    if (______)  printf("它是闰年\n");
    else printf("它不是闰年\n");
}
```

2. 编程判断 m 是否为素数，已知 0 和 1 不是素数。

```
#include <stdio.h>
#include <______>
______
void main()
{
    int n, flag;
    printf("Input n:");
    scanf("%d", &n);
    flag = IsPrime(n);
    if (______) printf("它是素数\n");
    else printf("它不是素数\n");
}
int IsPrime(int m)
{
    int i, k;
    if (m <= 1)
        return 0;
    for (i=2; ______; i++)
    {
        k =______;
        if (______) return 0;
    }
    return______;
}
```

五、在下面给出的 4 个程序中，共有 18 处错误（包括语法错误和逻辑错误），请找出其中的错误，并改正（34 分，每找对 1 个错误，加 1 分，每修改正确 1 个错误，再加 1 分。只要找对 17 个即可，多找不加分）

1. 下面程序的功能是从键盘输入一行字符，统计其中有多少个单词。假设单词之间以空格分开。已知：判断是否有新单词出现的方法是当前被检验字符不是空格，而前一被检验字符是空格，则表示有新单词出现。

```
#include <stdio.h>
void main()
{
    int i, num, n=20;
    char str[n];
```

```
        scanf("%s", str);
        if (str[0]!= ' ') num = 1;
        else num = 0;
        for (i=1; i<20; i++)
            if (str[i]!=' '|| str[i-1]==' ') num = num++;
        printf("num=%d\n", num);
    }
```

2. 编写一个函数 Inverse()，实现将字符数组中的字符串逆序存放的功能。

```
#include<string.h>
#include<stdio.h>
#define ARR_SIZE = 80;
void Inverse(char str[])
void main()
{
    char a[ARR_SIZE] ;
    printf("Please enter a string: ");
    gets(a);
    Inverse(char a[]);
    printf("The inversed string is: ");
    puts(a);
}
void Inverse(char str[])
{
    int len, i = 0, j;
    char temp;
    len = strlen(str);
    for(j=len; i<j; i++, j--)
    {
          temp = str[i];
          str[j] = str[i];
          str[j] = temp;
    }
}
```

3. 韩信点兵。韩信有一队兵，他想知道有多少人，便让士兵排队报数：按从 1 至 5 报数，最末一个士兵报的数为 1；按从 1 至 6 报数，最末一个士兵报的数为 5；按从 1 至 7 报数，最末一个士兵报的数为 4；最后再按从 1 至 11 报数，最末一个士兵报的数为 10。你知道韩信至少有多少兵吗？

```
#include <stdio.h>
void main()
{
  int x;
  while(1)
  {
      if(x%5=1 && x%6=5 && x%7=4 && x%11=10)
      {
          continue;
          x++;
      }
  }
  printf(" x = %d\n", x);
}
```

4. 编程输入 10 个数，找出其中的最大值及其所在的数组下标位置。

```
#include <stdio.h>
```

```
int FindMax(int num[], int n, int *pMaxPos);
void main()
{
    int num[10], maxValue, maxPos, minValue, minPos, i;
    printf("Input 10 numbers:\n ");
    for (i=0; i<10; i++)
        scanf("%d", num[i]);
    maxValue = FindMax(num, 10, maxPos);
    printf("Max=%d, Position=%d\n",maxValue, maxPos);
}
int FindMax(int num[], int n, int *pMaxPos);
{
    int i, max;
    max = num[0];
    for(i = 1; i < n; i++)
    {
      if (num[i] > max)
      {
          max = num[i];
          *pMaxPos = i;
      }
  }
  return max;
}
```

六、编程题（30分）

1. 编程计算 1!+2!+3!+…+10!的值。（12分）

2. 从键盘任意输入某班20个学生的成绩，打印最高分，并统计不及格学生的人数。（18分）要求按如下函数原型进行编程，分别计算最高分和统计不及格学生的人数。

```
int FindMax(int score[], int n);
int CountFail(int score[], int n);
```

3.3 模拟试题（三）

一、单项选择题（20分，每题1分）

1. C程序的基本单位是______。

   A. 子程序　　B. 程序　　C. 子过程　　D. 函数

2. 在C语言中，非法的十六进制是______。

   A. 0x16　　B. 018　　C. 0x17　　D. 0x2d

3. 不是C语言实型常量的是______。

   A. 55.0　　B. 0.0　　C. 55.5　　D. 55e2.5

4. 字符串“xyzw”在内存中占用的字节数是______。

   A. 6　　B. 5　　C. 4　　D. 3

5. 若已定义 f,g 为 double 类型，则表达式 f=1,g=f+5/4 的值是______。

   A. 2.0　　B. 2.25　　C. 2.1　　D. 1.5

6. 若有语句 char c1='d',c2='g' ;printf("%c,%d\n",c2-'a',c2-c1);，则输出结果为______。（a 的 ASCII 码值为 97。）

A. M，2　　B. G，3　　C. G，2　　D. D，g

7. 使用语句 scanf("a=%f,b=%d",&a,&b);输入数据时，正确的数据输入是______。

A. a=2.2,b=3　　B. a=2.2 b=3　　C. 2.2 3　　D. 2.2,3

8. 表示关系 12≤x≤y 的 C 语言表达式为______。

A. (12<=x)&(x<=y)　　B. (12<=x)&&(x<=y)

C. 12<=x)|(x<=y)　　D. (12<=x)||(x<=y)

9. 设 x=1,y=2,m=4,n=3,则表达式 x>y?x:m<n?y:n 的值为______。

A. 1　　B. 3　　C. 2　　D. 4

10. 若有说明和语句 int a=5,b=6;b*=a+1;，则 b 的值为______。

A. 5　　B. 6　　C. 31　　D. 36

11. 设整型变量 s,t,c1,c2,c3,c4 的值均为 2，则执行语句（s=c1==c2）||(t=c3>c4)后，s,t 的值为______。

A. 1，2　　B. 1，1　　C. 0，1　　D. 1，0

12. 有语句 for（a=0，b=0；b！=100&&a<5;a++）scanf("%d",&b);，则 scanf 最多可执行次数为______。

A. 4　　B. 6　　C. 5　　D. 1

13. 对于 for（s=2;　;s++）可以理解为______。

A. for（s=2;0;s++）　　B. for（s=2;1;s++）

C. for（s=2;s<2;s++）　　D. for（s=2;s>2;s++）

14. 若有 char h=′ a′，g=′ f′ ;int a[6]={1，2，3，4，5，6};，则数值为 4 的表达式为______。

A. a[g-h]　　B. a[4]　　C. a['d'−'h']　　D. a['h'−'c']

15. 设：char s[10]={ "october"};，则 printf（"%d\n"，strlen（s））;输出的是______。

A. 7　　B. 8　　C. 10　　D. 11

16. 若有 int a[3][5]={2，2}，{2，6}，{2，6，2}};，则数组 a 共有______个元素。

A. 8　　B. 5　　C. 3　　D. 15

17. 设 int a=5，b，*p=&a,则使 b 不等于 5 的语句为______。

A. b=*&a　　B. b=*a　　C. b=*p　　D. b=a

18. 若有 int a[7]={1,2,3,4,5,6,7}，*p=a，则不能表示数组元素的表达式是______。

A. *p　　B. *a　　C. a[7]　　D. a[p−a]

19. 若有 int b[4]={0,1,2,3}，*p，则数值不为 3 的表达式是______。

A. p=s+2,*(p++)　　B. p=s+3,*p++　　C. p=s+2,*(++p)　　D. s[3]

20. 设有如下定义:struct jan{int a;float b;}c2,*p; ，若有 p=&c2; ，则对 c2 中的成员 a 的正确引用是______。

A. (*p).c2.a　　B. (*p).a　　C. p->c2.a　　D. p.c2.a

二、填空题（24 分，每空 2 分）

1. C 语言标识符由字母、数字和______来构造。

2. 在 C 语言中，字符串常量是用______括起的一串字符。

3. 若有说明和语句 int a=25，b=60；b=++a;，则 b 的值是______。

4. int x=5；while（x>0）printf("%d",x--)；的循环执行次数为______。

5. 若有 int a[5]，*p=a;，则 p+2 表示第______个元素的地址。

6. 若有说明和语句 int a=5，b=6，y=6；b-=a；y=a++;，则 b 和 y 的值分别是______、______。
7. 已知整型变量 a=3，b=4，c=5，写出逻辑表达式 a||b+c>c&&b-c 的值是______。
8. C 程序设计的三种基本结构是顺序结构、______和______。
9. 数组是表示类型相同的数据，而结构体则是若干______数据项的集合。
10. C 语言中文件是指______。

三、阅读程序，写出程序运行结果（20 分，每题 5 分）

1. 程序运行结果为______。

```
#include <stdio.h>
void main()
{
    int x=5;
    int y=10;
    printf("%d\n",x++);
    printf("%d\n",++y);
}
```

2. 程序运行结果为______。

```
#include <stdio.h>
void main()
{
int y=9,k=1;
for(; y>0; y--)
{
    if(y%3==0)
    {
        printf("%4d"--y);
        continue;
    }
    k++;
}
printf("\nk=%4d,y=%4d\n",k,y);
}
```

3. 程序运行结果为______。

```
#include "stdio.h"
void main()
{
    int k,j;
    int a[]={3,-5,18,27,37,23,69,82,52,-15};
    for(k=0,j=k;k<10; k++)
        if(a[k]>a[j]) j=k;
    printf("m=%d,j=%d\n",a[j],j);
}
```

4. 程序运行结果为______。

```
#include <stdio.h>
void main()
{
    char *p,s[]="ABCD";
    for(p=s;p<s+4; p++)
printf("%s\n",p);
}
```

四、编程题（36 分）

1. 求元素个数为 10 的一维数组元素中的最大值和最小值。（12 分）

2. 输出 1900～2016 年中所有的闰年。每输出 3 个年号换一行。（判断闰年的条件为下面二者之一：能被 4 整除，但不能被 100 整除，或者能被 400 整除。）（12 分）

3. 编写函数：输入两个正整数 m,n,求它们的最大公约数和最小公倍数。（12 分）

3.4 模拟试题（四）

一、单项选择题（20 分，每题 1 分）

1. 设 int x=1,y=1;，则表达式（!x++ || y--）的值是______。

   A. 0　　B. 1　　C. 2　　D. -1

2.
```
void main()
{
    int n;
    (n=6*4,n+6),n*2;
    printf("n=%d\n",n);
}
```
   此程序的输出结果是______。

   A. 30　　B. 24　　C. 60　　D. 48

3. 若有如下定义，则______是对数组元素的正确的引用。
```
int  a[10] , *p ;
p=a ;  p=a ;  p=a ;  p=a ;
```
   A. *&a[10]　　B. a[11]　　C. *(p+10)　　D. *p

4. 设整型变量 n 的值为 2，执行语句“n+=n-=n*n;”后，n 的值是______。

   A. 0　　B. 4　　C. -4　　D. 2

5. 以下不能正确定义二维数组的语句是______。

   A. int a[2][2]={{1},{2}};　　B. int a[][2]={1,2,3,4};

   C. int a[2][2]={{1},2,3};　　D. int a[2][]={{1,2},{3,4}};

6. 程序段______的功能是将变量 u、s 中的最大值赋给变量 t。

   A. if(u>s) t=u;t=s;　　B. t=u; if(t) t=s;

   C. if(u>s) t=s;else t=u;　　D. t=s; if(u) t=u;

7. 下列程序段的输出结果是______。
```
void main()
{
    int k;
    for(k=1;k<5;k++)
    {
        if(k%2!=0) printf("#");
        else printf("*");
    }
}
```
   A. #*#*　　B. *#*#　　C. ##　　D. 以上都不对

8. 设变量定义为 int a[3]={1,4,7},*p=&a[2]，则*p 的值是______。

A. &a[2]　　B. 4　　C. 7　　D. 1

9. 能正确表示 a 和 b 同时为正或同时为负的逻辑表达式是______。

A. a>=0||b>=0）&&(a<0||b<0)　　B. (a>=0 && b>=0)&&(a<0 && b<0)

C. (a+b>0) &&(a+b<=0)　　D. a*b>0

10. C 语言中，合法的字符型常数是______。

A. ‘A’　　B. “A”　　C. 65　　D. A

11. 设有数组定义 char array[]="China";，则数组所占的空间是______。

A. 4 个字节　　B. 5 个字节　　C. 6 个字节　　D. 7 个字节

12. 若变量 c 为 char 类型，能正确判断出 c 为小写字母的表达式是______。

A. 'a'<=c<='z'　　B. (c>='a')||(c<='z')

C. ('a'<=c)and('z'>=c)　　D. (c>='a')&&(c<='z')

13. 设有定义 long x=-123456L; ，则以下能够正确输出变量 x 值的语句是______。

A. printf("x=%d\n",x)　　B. printf("x=%ld\n",x)

C. printf("x=%8dl\n",x)　　D. printf("x=%LD\n",x);

14. 下列关于指针定义的描述，______是错误的。

A. 指针是一种变量，该变量用来存放某个变量的地址值

B. 指针变量的类型与它所指向的变量类型一致

C. 指针变量的命名规则与标识符相同

D. 在定义指针时，标识符前的“*”号表示后面的指针变量所指向的内容

15. 已知 int x;　int y[10];，下列______是合法的。

A. &x　　B. &(x+3)　　C. &5　　D. &y

16. 下面正确的输入语句是______。

A. scanf("a=b=%d",&a,&b) ;　　B. scanf("%d,%d",&a,&b) ;

C. scanf("%c",c) ;　　D. scanf("% f%d\n",&f) ;

17. C 语言中以追加方式打开一个文件应选择______参数。

A. “r”　　B. “w”　　C. “rb”　　D. “a”

18. Break 语句的正确的用法是______。

A. 无论在任何情况下，都中断程序的执行，退出到系统下一层

B. 在多重循环中，只能退出最靠近的那一层循环语句

C. 跳出多重循环

D. 只能修改控制变量

19. 为表示关系 x≥y≥z，应使用 C 语言表达式______。

A.（x>=y）&&(y>=z)　　B. (x>=y) AND (y>=z)

C. (x>=y>=z)　　D. (x>=z)&(y>=z)

20. 以下可以作为 C 语言合法整数的是______。

A. 1010B　　B. 0368　　C. 0Xffa　　D. x2a2

二、填空题（16 分，每空 2 分）

1. C 语言的预处理语句以______开头。

2. 表达式 7+8>2 && 25 %5 的结果是______。

3. 下列程序段是从键盘输入的字符中统计数字字符的个数，用换行符结束循环，补充程序。

```
    int n=0,ch;
    ch=getchar();
    while(______)
  {
      if(______) n++;
      c=getchar();
  }
```

4. C 语言中 putchar(c)函数的功能是______。
5. int *p 的含义是______。
6. 定义 fp 为文件型指针变量的定义方法为______。
7. 数组 int a[3][4]；共定义了______个数组元素。

三、阅读程序，写出程序运行结果（25 分，每题 5 分）

1. 程序运行结果为______。

```
#include <stdio.h>
void main()
{
    char s[]="GFEDCBA";
    int p=6;
    while(s[p]!='D')
    {
        printf("%c  ", p);
        p=p-1;
    }
}
```

2. 程序运行结果为______。

```
#include <stdio.h>
int fun(int a, int b)
{
    if(a>b) return (a);
    else return (b);
}
void main()
{
    int x=3,y=8,z=6,r;
    r=fun(fun(x,y),2*z);
    printf("%d\n",r);
}
```

3. 程序运行结果为______。

```
#include <stdio.h>
int fac(int n)
{
    static int f=1;
    f=f*n; return(f);
}
void main()
{
    int i;
    for(i=1;i<=5;i++)
        printf("%d!=%d\n",i,fac(i));
}
```

4. 程序运行结果为______。

```
#include <stdio.h>
```

```
void main()
{
    int n;
    for(n=3; n<=10; n++)
    {
        if(n%5= =0) break;
        printf("%d",n);
    }
}
```

5. 程序运行结果为______。

```
#include "stdio.h"
void main()
{
    int a[]={1,2,3,-4,5};
    int m,n, *p;
    p=&a[0]; p=&a[0];
    m=*(p+2);
    n=*(p+4);
    printf("%d  %d  %d ",*p,m,n);
}
```

四、编程题（39 分）

1. 编程计算下列表达式：s=1!+2!+3!+4!+…+10!。（13 分）

2. 从键盘上输入 a 与 n 的值，计算 sum=a+aa+aaa+aaaa+…（共 n 项）的和。例 a=2，n=4，则 sum=2+22+222+2222。（13 分）

3. 求 3×3 矩阵的主对角线元素之和。（13 分）

3.5　模拟试题（五）

一、单项选择题（10 分，每题 2 分）

1. 对于一个正常运行和正常退出的 C 程序，以下叙述正确的是______。

   A. 程序从 main 函数第一条可执行语句开始执行，在 main 函数结束

   B. 程序的执行总是从程序的第一个函数开始，在 main 函数结束

   C. 程序的执行总是从 main 函数开始，在最后一个函数中结束

   D. 从程序的第一个函数开始，在程序的最后一个函数中结束

2. 输出结果是______。

```
#include <stdio.h>
void main()
{
    int a = 5, b = 4, x, y;
    x = 2 * a++;
    printf("a=%d, x=%d\t", a, x);
    y = --b * 2;
    printf("b=%d, y=%d\n", b, y);
}
```

   A. a=6,　x=10　　b=3, y=8　　　　B. a=6,　x=10　　b=3, y=6

   C. a=6,　x=12　　b=3, y=6　　　　D. 以上均不正确

3. 输出结果是______。

```
typedef struct
{
    int b;
    int p;
}TYPEA;
void f(TYPEA c)
{
    c.b += 1;
    c.p += 2;
}
void main()
{
    TYPEA a ={1, 2};
    f(a);
    printf("%d,%d\n", a.b, a.p);
}
```

A. 2,3　　B. 2,4　　C. 1,4　　D. 1,2

4. 对于以下程序片段，描述正确的是______。

```
int x = -1;
do
{
    x = x * x;
}while(!x);
```

A. 是死循环　　B. 循环执行两次　　C. 循环执行一次　　D. 有语法错误

5. 一个指针数组的定义为______。

A. int (*ptr)[5];　　B. int *ptr[5];　　C. int *(ptr[5]);　　D. int ptr[5];

二、写出下列程序的运行结果（10 分，每题 2 分）

1. 程序运行时输入为：2016<回车> 时，程序运行结果是______。

```
#include <stdio.h>
void main()
{
    int n = 0;
    char c;
    while((c=getchar( )) !='\n')
    {
        if (c>='0' && c<='9') n = n * 10 + c - '0';
    }
    printf("value=%d\n", n);
}
```

2. 运行结果是______。

```
#include<stdio.h>
void main()
{
    int a = 1, b = 0;
    switch(a)
    {
        case 1:
        switch(b)
        {
        case 0: a++;
```

```
                b++;
                printf("a=%d, b=%d\n", a, b);
                break;
        case 1: a++;
                b++;
                printf("a=%d, b=%d\n", a, b);
                break;
        }
        case 2: a++;
            b++;
            printf("a=%d, b=%d\n", a, b);
            break;
    }
}
```

3. 程序运行结果是______。

```
#include<stdio.h>
#include<string.h>
void main()
{
    printf("%d\n", strlen("IBM\n012\1\\"));
}
```

4. 程序运行时输入为：1<回车>2<回车>3<回车>4<回车>5<回车>6<回车>7<回车>8<回车>9<回车>10<回车> 时，则程序运行结果为______。

```
#include<stdio.h>
void main()
{
    int i, a[10];
    int *p;
    p = a;
    for(i=0; i<10; i++)
        scanf("%d", p+i);
    for(p=a; p<a+10; p++)
        printf("%d\t", *p);
    printf("\n");
    for (p=a; p<a+10; p++)
        if (*p % 2) printf("%d\t", *p);
}
```

5. 程序运行时输入：63<空格>14<回车>，则运行结果是______。

```
#include <stdio.h>
int mod(int x, int y)
{
    return (x % y);
}
void main()
{
    int m, n, r;
    scanf("%d %d", &m, &n);
    r = mod(m,n);
    while(r!= 0)
    {
        m = n;
        n = r;
        r = mod(m, n);
    }
```

```
        printf("The Result is : %d\n", n);
    }
```

三、阅读程序，在标有下画线的空白处填入适当的表达式或语句，使程序完整并符合题目要求（8 分，每空 1 分）

1. 以下程序将输入的十进制数以十六进制的形式输出。

```
#include <stdio.h>
void main()
{
    char b[17]={"0123456789ABCDEF"};
    int c[64],d,i=0,base = 16;
    long number;
    printf("请输入一个十进制数\n");
    scanf("%ld",______);
    do{
        c[i] =______;
        number = number / base;
        ______;
    }while (number != 0);
    printf("对应的十六进制数为: \n");
    for(--i; ______; --i)
    {
        d = c[i];
        printf("%c",______);
    }
    printf("\n");
}
```

2. 用户从键盘任意输入一个数字表示月份值 n，程序显示该月份对应的英文表示，若 n 不在 1～12 中，则输出“Illegal month”。

```
#include <stdio.h>
void main()
{
    int n;
    static char monthName[][20]={
            "Illegal month", "January","February","March",
            "April", "May", "June",  "July", "August",
            "September", "October", "November", "December"
            };
    printf("Input month number:");
    scanf("%d", &n);
    if (______)
        printf("month %d is %s\n", n, ______);
    else
        printf("%s\n",______);
}
```

四、在下面给出的 4 个程序中，共有 16 处错误（包括语法错误和逻辑错误），请找出其中的错误，并改正（30 分，每找对 1 个错误，加 1 分，每修改正确 1 个错误，再加 1 分。只要找对 15 个即可，多找不加分）

1. 下面程序实现折半查找算法，当找到输入元素后显示其在数组中的下标。

```
#include <stdio.h>
void main()
{
```

```
    int up=10, low=1, mid, found, find;
    int a[10]={1, 5, 6, 9, 11, 17, 25, 34, 38, 41};
    scanf("%d", find);
    printf("\n");
    while(up>=low||!found)
    {
        mid=(up+low)/2;
       if( a[mid] = find )
       {
           found=1;
           break;
       }
       else if(a[mid]>find)
           up=mid+1;
           else
           low=mid+1;
       }
       if(found) printf("found  number  is  %dth", mid);
       else printf("no found");
}
```

2. 下面程序模拟了骰子的 6000 次投掷，用 rand 函数产生 1～6 的随机数 face，然后统计 1～6 每一面出现的次数存放到数组 frequency 中。

```
#include <stdlib.h>
#include <time.h>
#include <stdio.h>
void main()
{
    int face, roll, frequency[7] = {0};
    srand(time[NULL]);
    for(roll=1; roll<=6000; roll++);
    {
        face = rand()%6 + 1;
        ++frequency[Face];
    }
    printf("%4s%17s\n", "Face", "Frequency");
    for(face=1; face<=6; face++)
        printf("%4d%17d\n", face, frequency[face]);
}
```

3. 计算十个数据的平均值。

```
#include <stdio.h>
void main(void)
{
    int i, sum;
    float avg;
    int sc[10], *p = sc;
    for(i=0, i<10, i++)
    {
        scanf("%d", p);
        p++;
        sum += *p;
    }
    avg = sum / 10;
    printf("avg=%f\n", avg);
}
```

4. 编程实现从键盘输入一个字符串，将其字符顺序颠倒后重新存放，并输出这个字符串。(用字符数组实现。)

```
#include <stdio.h>
#include <string.h>
void Inverse(char rstr[])
void main()
{
    char str[80];
    printf("Input a string:\n");
    gets(str);
    Inverse(str);
    printf("The inversed string is:\n");
    puts(str);
}
void Inverse(char rstr[])
{
    int i,n;
    char temp;
    for(i=0, n=(strlen(rstr)); i<n; i++, n--)
    {
        temp = rstr[i];
        rstr[i] = rstr[n];
        rstr[n] = temp;
    }
}
```

五、编程题（42 分）

1. 从键盘任意输入一个 4 位数 x，编程计算 x 的每一位数字相加之和(忽略整数前的正负号)。例如，输入 x 为 1234，则由 1234 分离出其千位 1、百位 2、十位 3、个位 4，然后计算 1+2+3+4=10，并输出 10。(14 分)

2. 输入 20 个学生的成绩，求出其中大于平均成绩学生的人数，并对 20 名学生成绩按从高到低进行排序。(14 分)

3. 利用公式 $\frac{\pi}{2}=\frac{2}{1}\times\frac{2}{3}\times\frac{4}{3}\times\frac{4}{5}\times\frac{6}{5}\times\frac{6}{7}\times\cdots$ 前 100 项之积计算并打印π值。(14 分)

3.6 模拟试题（六）

一、单项选择题（20 分，每题 1 分）

1. 下列不正确的转义字符是______。

   A. \\　　B. \'　　C. 074　　D. \0

2. 不是 C 语言提供的合法关键字是______。

   A. switch　　B. cher　　C. case　　D. default

3. 正确的标识符是______。

   A. ?a　　B. a=2　　C. a.3　　D. a_3

4. 下列字符中属于键盘符号的是______。

   A. \　　B. \n　　C. \t　　D. \b

5. 下列数据中属于“字符串常量”的是______。

A. ABC　　B. “ABC”　　C. ‘ABC’　　D. ‘A’

6. char 型常量在内存中存放的是______。

A. ASCII 码　　B. BCD 码　　C. 内码值　　D. 十进制代码值

7. 设 a 为 5，执行下列语句后，b 的值不为 2 的是______。

A. b=a/2　　B. b=6-(--a)　　C. b=a%2　　D. b=a>3?2:2

8. 在以下一组运算符中，优先级最高的运算符是______。

A. <=　　B. =　　C. %　　D. &&

9. 设整型变量 i 的值为 3，则计算表达式 i---i 后表达式的值是______。

A. 0　　B. 1　　C. 2　　D. 表达式出错

10. 设整型变量 a,b,c 均为 2，表达式 a+++b+++c++的结果是______。

A. 6　　B. 9　　C. 8　　D. 表达式出错

11. 若已定义 x 和 y 为 double 类型，则表达式 x=1,y=x+3/2 的值是______。

A. 1　　B. 2　　C. 2.0　　D. 2.5

12. 设 a=1,b=2,c=3,d=4,则表达式 a<b?a:c<d?a:d 的结果是______。

A. 4　　B. 3　　C. 2　　D. 1

13. 设 a 为整型变量，不能正确表达数学关系 10<a<15 的 C 语言表达式是______。

A. 10<a<15　　B. a= =11 || a= =12 || a= =13 || a= =14

C. a>10&&a<15　　D. !(a<=10)&&!(a>=15)

14. 若有定义 char a、int b 、float c、double d，则表达式 a*b+d−c 值的类型为______。

A. float　　B. int　　C. char　　D. double

15. 表达式“10！ =9”的值是______。

A. true　　B. 非零值　　C. 0　　D. 1

16. 循环语句 for (x=0,y=0; (y!=123)|| (x<4);x++);的循环执行______。

A. 无限次　　B. 不确定次　　C. 4 次　　D. 3 次

17. 在 C 语言中，下列说法中正确的是______。

A. 不能使用“do while”的循环

B.“do while”的循环必须使用 break 语句退出循环

C.“do while”的循环中，当条件为非 0 时将结束循环

D.“do while”的循环中，当条件为 0 时将结束循环

18. 设 a,b 为字符型变量，执行 scanf("a=%c,b=%c",&a,&b)后使 a 为‘A’，b 为‘B’，从键盘上的正确输入是______。

A. ‘A’‘B’　　B. ‘A’，‘B’　　C. A=A,B=B　　D. a=A,b=B

19. 设 i,j,k 均为 int 型变量，执行完下面的 for 循环后，k 的值为______。

```
for (i=0,j=10;i<=j;i++,j--) k=i+j;
```

A. 10　　B. 9　　C. 8　　D. 7

20. 设有定义：char s[12]={"string"};，则 printf ("%d\n",strlen(s));的输出是______。

A. 6　　B. 7　　C. 11　　D. 12

二、填空题（24 分，每题 2 分）

1. 在内存中存储“A”要占用______个字节，存储‘A’要占用 1 个字节。

2. 符号常量的定义方法是______。

3. 能表述“20<x<30 或 x<-100”的 C 语言表达式是______。

4. 结构化程序设计方法规定程序或程序段的结构有三种：顺序结构、选择结构和______。

5. 若在程序中用到“putchar”，应在程序开头写上包含命令#include "stdio.h"，若在程序中用到“strlen()”函数时，应在程序开头写上包含命令______。

6. 设有定义语句“static int a[3][4]={{1},{2},{3}}”，则 a[1][1]值为______，a[2][1]的值为______。

7. “*”称为______运算符，“&”称为______运算符。

8. 赋值表达式和赋值语句的区别在于有无______号。

9. 用{}把一些语句括起来称为______语句。

10. 设 a=12、b=24、c=36，对于“scanf ("a=%d,b=%d,c=%d",&a,&b,&c);”，输入形式应为______。

11. 表达式“sqrt(s*(s-a)*(s-b)*(s-c));”对应的数学式子为______。

12. C 语言编译系统在判断一个量是否为“真”时，以 0 代表“假”，以______代表“真”。

三、阅读程序，写出程序运行结果（25 分，每题 5 分）

1. 程序运行结果为______。

```
#include <stdio.h>
void main()
{
    int a=10,b=4,c=3;
    if(a<b) a=b;
    if(a<c) a=c;
    printf("%d,%d,%d",a,b,c);
}
```

2. 程序运行结果为______。

```
#include <stdio.h>
void main()
{
    int y=9;
    for(;y>0;y--)
        if(y%3==0)
        {
            printf("%d",--y);
            continue;
        }
}
```

3. 程序运行结果为______。

```
#include <stdio.h>
void main()
{
    int x,y;
    for(y=1,x=1;y<=50;y++)
    {
        if(x>=10) break;
        if(x%2==1)
        {
            x+=5;
            continue;
        }
        x-=3;
```

```
    }
    printf("%d",y);
}
```

4. 程序运行结果为______。

```
#include <stdio.h>
void main()
{
    static int a[][3]={9,7,5,3,1,2,4,6,8};
    int i,j,s1=0,s2=0; i,j,s1=0,s2=0;
    for(i=0;i<3;i++)
        for(j=0;j<3;j++)
        {
            if(i==j) s1=s1+a[i][j];
            if(i+j==2) s2=s2+a[i][j];
        }
    printf ("%d\n%d\n",s1,s2);
}
```

5. 程序运行结果为______。

```
#include <stdio.h>
void main()
{
    static char a[]={'*','*','*','*','*'};
    int i,j,k;
    for(i=0;i<5;i++)
    {
        printf("\n");
        for(j=0;j<i;j++) printf("%c",' ');
        for(k=0;k<5;k++) printf("%c",a[k]);
    }
}
```

四、编程题（31 分）

1. 用程序计算表达式：s=1!+2!+3!+4!。（10 分）
2. 从键盘上输入三个数，求出其中最大的一个数。（10 分）
3. 输入两个整数，调用函数 stu( )求两个数差的平方，返回主函数显示结果。（11 分）

第4部分 参考答案

4.1 主教材习题参考答案

习题 1

一、单项选择题

1. C　2. B　3. C　4. C　5. A　6. A　7. D　8. B　9. A
10. D　11. C　12. A　13. D　14. B　15. D　16. B

二、填空题

1. 函数　2. 顺序、选择（分支）、循环　3. .c　.obj　.exe　4. {　}
5. x>5||x<-5　6. 0　7. −16　8. F　9. B　66　10. 12
11. G　12.不确定值　13.scanf("%d%d%d"，&x，&y，&z)；14. gets()

三、用传统流程图表示实现下列功能的算法

1. 求 5！的算法（1*2*3*4*5）。

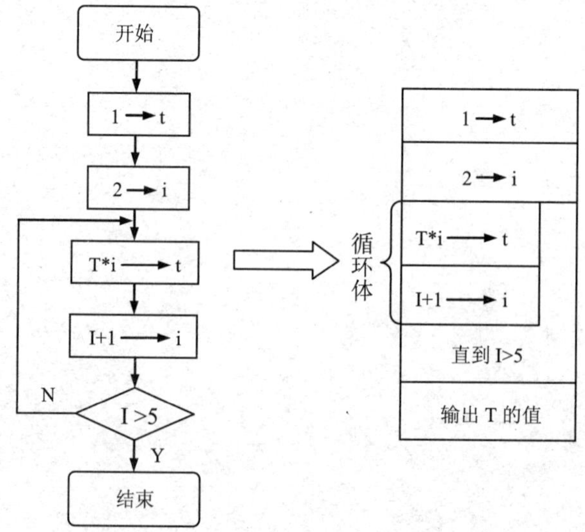

2. 输入一个整数，输出它的所有因子数。

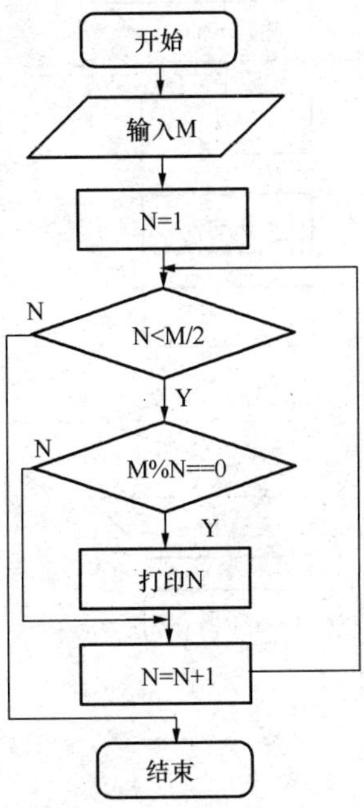

3. 判断2000年～2500年中闰年的算法。

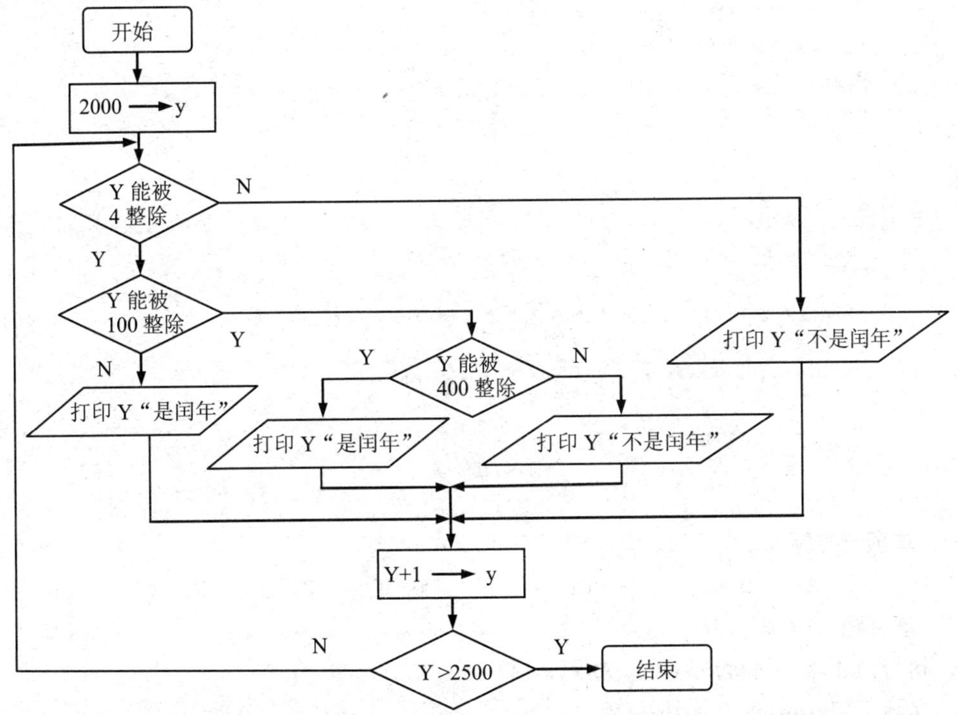

4. 求两个数m和n的最大公约数。

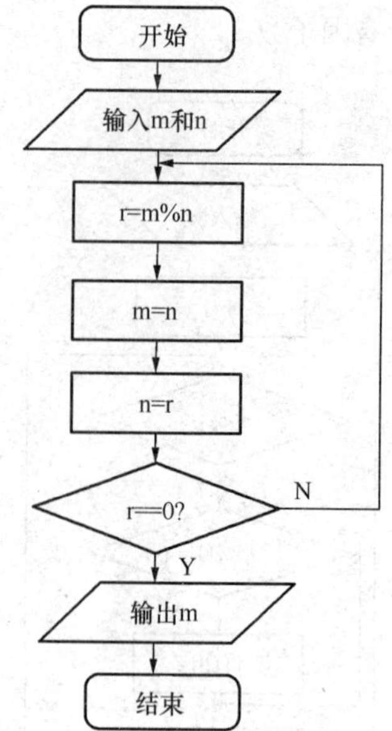

四、编程序输出系列图形

1.

```
#include <stdio.h>
void main()
{
     printf("   *    \n");
     printf("  ***   \n");
     printf(" *****  \n");
     printf("  ***   \n");
     printf("   *    \n");
}
```

2.

```
#include <stdio.h>
void main()
{
     printf("* * * * * * * * * * * * * *\n");
     printf("    Very good!\n");
     pritnf("(" * * * * * * * * * * * * * *\n");
}
```

习题 2

一、单项选择题

1. D　2. A　3. D　4. A　5. C　6. B　7. D　8. A　9. D

二、填空题

1. 执行循环体，判断，判断，执行循环体
2. 循环结构，switch，循环结构
3. <10，j%3=!0　4. 3　5. j=52　6. i=8　7. 13　8. 20,0

三、编程题

1. 编写程序，打印出三角形的九九乘法表。

```
#include <stdio.h>
void main()
{
    int i,j;
    for(i=1;i<=9;i++)                  /*打印表头*/
    printf(" %4d",i);
    printf("%c",'\n');
    for(i=0;i<=50;i++)
    printf("%c",'_');
    printf("%c",'\n');
    for(i=1;i<=9;i++)                  /*循环体执行一次，打印一行*/
    {
        for(j=1;j<=i;j++)
            printf(" %4d",i*j);        /*循环体执行一次，打印一个数据*/
        printf("%c",'\n');             /*每行尾换行*/
    }
    printf("%c",'\n');
}
```

2. 有一分数序列：2/1，3/2，5/3，8/5，13/8，21/13…求出这个数列的前20项之和。

```
#include <stdio.h>
void main()
{
     int n,t,number=20;
     float a=2,b=1,s=0;
     for(n=1;n<=number;n++)
     {
         s=s+a/b;
         t=a;a=a+b;b=t;
     }
     printf("sum is %9.6f\n",s);
}
```

3. 将一个正整数分解质因数。例如：输入90，打印出90=2*3*3*5。

```
#include <stdio.h>
void main()
{
    int n,i;
    printf("\nplease input a number:\n");
    scanf("%d",&n);
    printf("%d=",n);
    for(i=2;i<=n;i++)
    {
        while(n!=i)
        {
            if(n%i==0)
            {
                printf("%d*",i);
                n=n/i;
            }
            else
                break;
        }
    }
   printf("%d",n);
```

```
}
```

4. 输入一行字符，分别统计出其中英文字母、空格、数字和其他字符的个数。

```
#include "stdio.h"
void main()
{
    char c;
    int letters=0,space=0,digit=0,others=0;
    printf("please input some characters\n");
    while((c=getchar())!='\n')
    {
        if(c>='a'&&c<='z'||c>='A'&&c<='Z')
            letters++;
        else if(c==' ')
            space++;
        else if(c>='0'&&c<='9')
            digit++;
            else
                others++;
    }
    printf("all in all:char=%d space=%d digit=%d others=%d\n",letters,space,digit,
others);
}
```

5. 百钱买百鸡问题。

一只鸡翁值钱 5 元，一只鸡母值钱 3 元，三只鸡雏值钱 1 元。欲 100 元钱买 100 只鸡，问鸡翁、鸡母、鸡雏的只数如何搭配？

```
#include "stdio.h"
void main()
{
    int cocks,hens,chicks;
    for(cocks=0;cocks<=19;coscks++)
      for(hens=0;hens<=33;hens++)
      {
          chicks=100-cocks-hens;
          if(5*cocks+3*hens+chicks/3==100)
              printf("%6d%6d%6d\n",cocks,hens,chicks);
      }
}
```

6. 抓交通肇事犯。

一辆卡车违反交通规则，撞人后逃跑。现场有三人目击事件，但都没记住车号，只记下车号的一些特征。甲说："牌照的前两位数字是相同的。"乙说："牌照的后两位数字是相同的，但与前两位不同。"丙是位数学家，他说："四位车号刚好是一个整数的平方。"请根据以上线索求出车号。

```
#include "stdio.h"
void main()
{
    int i,j,kc;
    for(i=1;i<=9;i++)
    for(j=0;j<=9;j++)
        if(i!=j)
        {
            k=i*1000+i*100+j*10+j;
            for(c=31;c*c<k;c++)
```

```
            if(c*c=k) printf("Lorry-No. is %d\n ",&k);
        }
}
```

习题 3

一、单项选择题

1. C　2. D　3. D　4. C　5. C　6. B　7. C　8. B　9. C
10. A　11. B　12. D　13. D　14. B　15. C　16. A　17. A　18. A
19. D　20. B

二、填空题

1. 20，0 到 19　　2. 0,4,120　　3. Strcmp
4. #include "string.h "　　5. &a[i], i%4==0, printf("\n")
6. i==j，a[i][j]

三、阅读程序，写出结果

1. #&*#%
2. 10010
3. s1=8
   s2=10
4. 0
5. a[0]=1
   a[2]=2
   a[4]=2
   a[6]=2

四、编程题

1. 将一个数组中的值按逆序重新存放，然后输出。

```
#include <stdio.h>
void main()
{
    int i,t,a[10];
    for(i=0;i<10;i++)
        scanf("%d",&a[i]);
    for(i=0;i<5;i++)
    {
        t=a[i];
        a[i]=a[9-i];
        a[9-i]=t;
    }
    for(i=0;i<10;i++)
        printf("%3d",a[i]);
}
```

2. 编程输入 10 个整数，请按照从后向前的顺序，依次找出并输出其中能被 7 整除的所有整数，以及这些整数的和。

```
#include <stdio.h>
void main()
{
    int i,s=0,a[10];
    for(i=0;i<10;i++)
```

```
        scanf("%d",&a[i]);
      for(i=9;i>=0;i--)
      if(a[i]%7==0)
      {
         printf("%3d",a[i]);
         s=s+a[i];
      }
      printf("\n 和为%3d\n",s);
}
```

3. 数组元素的插入：任意输入一个数字，插入到一个已有序的数组中，使其仍保持有序。

```
#include <stdio.h>
void main()
{
     int a[11]={1,5,7,9,10,15,20,23,50,98};
     //如果数组元素无序，则可以首先使用排序方法进行排序
     int i,x;
     printf("有序的数组为：\n");
     for(i=0;i<10;i++)
       printf("%4d",a[i]);
     printf("\n");
     printf("输入待插入的数据：");
     scanf("%d",&x);
     for(i=9;i>=0;i--)
     {
         if(x<a[i]) a[i+1]=a[i];
         else break;
     }
     a[i+1]=x;
     printf("插入后的数组为:\n");
     for(i=0;i<11;i++)
       printf("%4d",a[i]);
     printf("\n");
}
```

4. 编写程序，求 4*4 的矩阵中所有元素的最大值，以及该值所在的行标和列标。

```
#include <stdio.h>
void main()
{
     int a[4][4];
     int max,maxi,maxj,i,j;
     printf("请输入 4*4 矩阵值:");
     for(i=0;i<4;i++)
         for(j=0;j<4;j++)
         scanf("%d",&a[i][j]);
     max=a[0][0]; maxi=0;maxj=0;
     for(i=0;i<4;i++)
          for(j=0;j<4;j++)
          {
              if(max<a[i][j])
              {
                  max=a[i][j];
                  maxi=i;maxj=j;
              }
          }
```

```
    printf("max=%d\nmaxi=%d maxj=%d\n",max,maxi,maxj);
}
```

5. 按如下图形打印杨辉三角形的前 10 行，其特点是两个边上的数都为 1，其他位置上的每一个数是它上一行的同一列和前一列的两个整数之和。

```
1
1   1
1   2   1
1   3   3   1
1   4   6   4   1
…
```

```
#include <stdio.h>
#define N 10
void main()
{
    int i,j,a[N][N];
    for(i=0;i<N;i++)
    {
        a[i][0]=1;
        a[i][i]=1;
    }
    for(i=2;i<N;i++)
        for(j=1;j<i;j++)
            a[i][j]=a[i-1][j-1]+a[i-1][j];
    for(i=0;i<N;i++)
    {
        for(j=0;j<=i;j++)
            printf("%5d",a[i][j]);
        printf("\n");
    }
    printf("\n");
}
```

6. 打印魔方阵。

所谓魔方阵是指这样的方阵：

它的每一行、每一列和对角线之和均相等。

输入 n，要求打印由自然数 1 到 n^2 的自然数构成的魔方阵（n 为奇数）。

例如，当 n=3 时，魔方阵为：

8 1 6

3 5 7

4 9 2

魔方阵中各数排列规律为：

（1）将“1”放在第一行的中间一列。

（2）从“2”开始直到 n×n 为止的各数依次按下列规则存放，即每一个数存放的行比前一个数的行数减 1，列数同样加 1。

（3）如果上一数的行数为 1，则下一个数的行数为 n（最下一行），如在 3×3 方阵中，1 在第 1 行，则 2 应放在第 3 行第 3 列。

（4）当上一个数的列数为 n 时，下一个数的列数应为 1，行数减 1，如 2 在第 3 行第 3 列，3

应在第 2 行第 1 列。

（5）如果按上面规则确定的位置上已有数，或上一个数是第 1 行第 n 列时，则把下一个数放在上一个数的下面。如按上面的规定，4 应放在第 1 行第 2 列，但该位置已被 1 占据，所以 4 就放在 3 的下面。由于 6 是第 1 行第 3 列，即最后一列，故 7 放在 6 下面。

```
#include<stdio.h>
#define Max 15
void main()
{
    int i,row,col,odd;
    int m[Max][Max];
    printf("输入魔方阵数:");
    scanf("%d",&odd);
    if(odd<=0||odd%2==0)
    {
       printf("\n 输入错误!\n");
       return;
    }
    row=0;
    col=odd/2;
    for(i=1;i<=odd*odd;i++)
    {
       m[row][col]=i;
       if(i%odd==0)
           if(row==odd-1)
               row=0;
           else
               row++;
       else
       {
           if(row==0)
               row=odd-1;
           else
               row--;
           if(col==odd-1)
               col=0;
           else
               col++;
       }
    }
    printf("魔方阵为: \n");
    for(row=0;row<odd;row++)
    {
       for(col=0;col<odd;col++)
           printf("%4d",m[row][col]);
       printf("\n\n");
    }
}
```

7. 找出一个二维数组中的“鞍点”，即该位置上的元素在该行中最大，在该列中最小（也可能没有“鞍点”），打印出有关信息。

```
#define N 20
#define M 20
#include <stdio.h>
void main()
```

```
{
    int a[N][M];
    int i,j,k,row,col,n,m,find=0;
    printf("输入数组行n和列m:\n");
    scanf("%d%d",&n,&m);
    printf("\n输入数组值a[0][0]--a[%d][%d]\n\n",n-1,m-1);
    for(i=0;i<n;i++)
        for(j=0;j<m;j++)
            scanf("%d",&a[i][j]);
    printf("\n数组值为:\n");
    for(i=0;i<n;i++)
    {
        for(j=0;j<m;j++)
            printf("%5d",a[i][j]);
        printf("\n ");
    }
    for(i=0;i<n;i++)
    {
        for(col=0,j=1;j<m;j++)
            if(a[i][col]<a[i][j])
                col=j;
        for(row=0,k=1;k<n;k++)
            if(a[row][col]>a[k][col])
                row=k;
        if(i==row)
        {
            find=1;
            printf("鞍点是a[%d][%d].\n",row,col);
        }
    }
    if(!find)
        printf("\n未发现鞍点! \n");
}
```

8. 编写程序实现对两个字符串的比较。不使用 C 语言提供的标准函数 strcmp。输出比较的结果（相等的结果为 0，不等时结果为第一个不相等字符的 ASCII 差值）。

```
#include <stdio.h>
#include <string.h>
void main()
{
    char str1[20],str2[20];
    int i=0,j=0,n1,n2;
    printf("输入比较的两个字符串:\n");
    gets(str1);
    gets(str2);
    n1=strlen(str1);
    n2=strlen(str2);
    while(i<n1&&j<n2)
    {
        if(str1[i]==str2[j])
        {
            i++;
            j++;
        }
```

```
            else
            {
                printf("%d\n",str1[i]-str2[j]);
                break;
            }
        }
        if(i==n1 && i==j)
            printf("0\n");
}
```

9. 输入一个字符串，统计其中字母、数字、其他字符的个数。

```
#include <stdio.h>
void main()
{
    char str[50];
    int i=0,x=0,y=0,z=0;
    printf("输入字符串:\n");
    gets(str);
    while(str[i]!='\0')
    {
        if((str[i]>= 'A'&& str[i]<='Z')||(str[i]>='a' && str[i]<='z'))
            x++;
        else if(str[i]>='0' && str[i]<='9')
                y++;
            else
                z++;
        i++;
    }
    printf("字母: %d 数字: %d 其他字符%d\n",x,y,z);
}
```

10. 任意输入两个字符串,第二个作为子串，检查第一个字符串中含有几个这样的子串。

```
#include <stdio.h>
#include <string.h>
void main()
{
    char s[80],a[20];
    int i,j,m,n,sum=0;
    printf("输入字符串: ");
    gets(s);
    printf("输入查找子串: ");
    gets(a);
    n=strlen(s);
    m=strlen(a);
    for(i=0; i<n-m; i++)
    {
        for(j=0; j<m; j++)
            if(s[i+j]!=a[j]) break;
        if(j==m)
        {
            sum++;
            i=i+j;
        }
    }
    printf("字符串中共包含%d 个子串\n",sum);
}
```

习题 4

一、单项选择题

1. C　2. A　3. A　4. D　5. A　6. B　7. A　8. C
9. D　10. A　11. B　12. A　13. A　14. C　15. B　16. C

二、填空题

1. 形式，实际　　2. 不可以，可以
3. Auto　　4. 值传递，地址传递
5. k/10，k%10，sub(k,n)　　6. age(n-1)+3，age(n)

三、阅读程序，写出结果

1. 1275
2. 6　0
3. 15
4. 2　4　6　8　10
5. x1=30,x2=40,x3=10,x4=20
6. 55
7. abcaefke3f

四、编写程序

1. 编写函数判断数字是否为“水仙花数”，在主函数中调用此函数。

```
#include <stdio.h>
int prime(int x)
{
    int a,b,c;
    a=x%10;
    b=x/10%10;
    c=x/100;
    if(x==a*a*a+b*b*b+c*c*c)
      return 1;
    else
      return 0;
}
void main()
{
    int x;
    printf("请输入一个整数:");
    scanf("%d",&x);
    if(prime(x)==1)
        printf("%d是水仙花数! \n",x);
    else
        printf("%d不是水仙花数! \n",x);
}
```

2. 编写函数，用选择法对数组中 10 个整数按由小到大排序，在主函数中调用此函数。

```
#include <stdio.h>
void sort(int a[],int n)
{
    int i,j,k,t;
    for(i=0;i<n-1;i++)
```

```
    {
        k=i;
        for(j=i+1;j<n;j++)
            if(a[j]<a[k]) k=j;
            if(k!=i)
            {
                t=a[i];
                a[i]=a[k];
                a[k]=t;
            }
    }
}
void main()
{
    int a[10];
    int i;
    printf("请输入 10 个数:");
    for(i=0;i<10;i++)
        scanf("%d",&a[i]);
    sort(a,10);
    printf("排序后的结果为:\n");
    for(i=0;i<10;i++)
       printf("%3d",a[i]);
}
```

3. 编写一个函数，求 1+2!+3!+…+6!的和，在主函数中调用此函数。

```
#include <stdio.h>
long sum(int n)
{
    int i;
    long s=0,t=1;
    for(i=1;i<=n;i++)
    {
        t=t*i;
        s=s+t;
    }
    return s;
}
void main()
{
    long s;
    s=sum(3);
    printf("%ld\n",s);
}
```

4. 编写一函数，输入一个十六进制数，输出相应的十进制数，并在主函数中调用此函数。

```
#include <stdio.h>
int convert(char c[])
{
    int s,i,t;
    i=0;
    while(c[i]!='\0')i++;
    i=i-1;s=0;t=1;
    while(i>=0)
    {
       if(c[i]>='A' && c[i]<='F')
```

```
            s=s+t*(c[i]-55);
        else if(c[i]>='a' && c[i]<='f')
                s=s+t*(c[i]-87);
            else
                s=s+t*(c[i]-48);
        t=t*16;
        i--;
    }
    return s;
}
void main()
{
    int x;
    char c[16];
    printf("请输入一个十六进制数:");
    scanf("%s",c);
    x=convert(c);
    printf("十进制数为:%d\n",x);
}
```

5. 有两个整型数组 a 和 b，各有 10 个元素，将它们对应地逐个相比。如果 a 数组中的元素大于 b 数组中的相应元素的数目多于 b 数组中元素大于 a 数组中相应元素的数目，则认为 a 数组大于 b 数组，并分别统计出两个数组相应元素大于、等于和小于的次数。用一个函数来进行数组元素的比较，比较结果用该函数的返回值表示。

```
#include <stdio.h>
void main()
{
    int large(int x,int y);
    int a[10],b[10],i,n=0,m=0,k=0;
    printf("输入数组 a:\n");
    for(i=0;i<10;i++)
        scanf("%d",&a[i]);
    printf("\n");
    printf("输入数组 b:\n");
    for(i=0;i<10;i++)
        scanf("%d",&b[i]);
    printf("\n");
    for(i=0;i<10;i++)
    {
        if(large(a[i],b[i])==1)
            n=n+1;
        else if(large(a[i],b[i])==0)
                m=m+1;
            else
                k=k+1;
    }
    printf("a[i]>b[i]%d 个\n a[i]=b[i]%d 个\n a[i]<b[i]%d 个\n",n,m,k);
    if(n>k)
        printf("数组 a 大于数组 b\n");
    else if(n<k)
            printf("数组 a 小于数组 b\n");
        else
            printf("数组 a 等于数组 b\n");
```

```
}
int large(int x,int y)
{
    int flag;
    if(x>y) flag=1;
    else if (x<y) flag=-1;
        else flag=0;
    return(flag);
}
```

6. 编写函数求数组中所有数组元素的最大值，在主函数中调用此函数。

```
#include <stdio.h>
int  mmax(int a[])
{
   int max,i;
   max=a[0];
   for(i=1;i<=9;i++)
      if(max<a[i])
         max=a[i];
   return max;
}
void main()
{
   int a[10];
   int max,i;
   printf("请输入 10 个整数:");
   for(i=0;i<=9;i++)
      scanf("%d",&a[i]);
   max=mmax(a);
   printf("max=%d\n",max);
}
```

7. 编写函数打印 n 行以下图形，将图形中的行数作为函数的形参。如在 main()函数中输入行数 n=4，调用该函数打印行数为 4 的图形如下。

```
*
***
*****
*******
```

```
#include <stdio.h>
void print(int n)
{
    int i,j;
    for(i=1;i<=n;i++)
    {
        for(j=1;j<=2*i-1;j++)
           printf("*");
        printf("\n");
    }
}
void main()
{
    int n;
    printf("请输入行数:");
    scanf("%d",&n);
    print(n);
}
```

8. 用递归的函数实现，将一个十进制转换为十六进制，并在主函数中调用此函数。

```
#include <stdio.h>
void conv(int x)
{
    if(x>=16)
        conv(x/16);
    if(x%16>=10)
        printf("%c",x%16+87);
    else
        printf("%c",x%16+48);
}
void main()
{
    int x;
    printf("请输入一个整数:");
    scanf("%d",&x);
    conv(x);
}
```

习题 5

一、单项选择题

1. D　2. D　3. A　4. A　5. C　6. B　7. B　8. C
9. C　10. D　11. B　12. C　13. B　14. D　15. D

二、填空题

1. 首地址
2. 取内容，取地址
3. （1）int *p=&k;　（2）*p=6;　（3）int **pp;　（4）pp=&p;　（5）(**pp)*=2;
4. 整型数组名，指向整型数据的指针值
5. （1）s=p+3;（2）s=s-3;或 s=&a[2];或 s=p+1;（3）50（4）*(s+1)（5）2（6）10 20 30 40 50
6. 4，a[2][0]
7. 4，12
8. (a+i)+j，*a
9. ef

三、阅读程序说出运行结果

1. 106
2. -32
3. 1711717

四、编程题

1. 请编写一个函数实现两个字符串的比较，即用户编写一个 strcmp 函数 strcmp(s1,s2)。

具体要求如下：

（1）在主函数内输入两个字符串，并传给函数 strcmp(s1,s2)。

（2）如果 s1=s2，则 strcmp 返回 0，按字典顺序比较；如果 s1≠s2，返回它们二者第一个不同字符的 ASCII 码差值(如 BOY 与 BAD,第二个字母不同,O 与 A 之差为 76-65=14);如果 s1>s2,则输出正值；如果 s1<s2，则输出负值。

```
#include <stdio.h>
#define N 80
int strcmp(char *str1,char *str2)
{
    int i=0,value=0;
    for(;str1[i]!='\0'||str2[i]!='\0';i++)
            if(value=str1[i]-str2[i]) break;
    return value;
}
void main()
{
    char str1[N],str2[N];
    gets(str1);
    gets(str2);
    printf("%d\n",strcmp(str1,str2));
}
```

2. 数组 a 中有 10 个整数，判断整数 x 在数组 a 中是否存在。若存在，输出 x 在数组中的位置，即 x 是 a 中的第几个数，若不存在，输出“Not found!”。x 由键盘输入。

```
#include <stdio.h>
void main()
{
    int a[10]={22,35,24,68,95,12,18,49,52,88};
    int x,i;
    printf("\nInput x:");
    scanf("%d", &x);
    *a=x; i=9;
    while (x!=* (a+i))
        i--;
    if(i>0)
        printf("%5d's position is: %4d\n",x,i);
    else
        printf("%5d Not found!\n",x);
}
```

3. 输入 5 个字符串，从中找出最大的字符串并输出。要求用二维字符数组存放这 5 个字符串，用指针数组分别指向这 5 个字符串，用一个二级指针指向这个指针数组。

```
#include "stdio.h"
#include "string.h"
void main()
{
    char a[5][80], *p[5], **q, **max;
    int i;
    for (i=0;i<5;i++)
    {
        p[i]=a[i];
        gets(p[i]);
    }
    max=&p[0];
    q=&p[1];
    for(i=1;i<5;i++,q++)
        if(strcmp(*max, *q)<0) max=q;
    puts(*max);
}
```

4. 某数理化三项竞赛训练组有三个人，找出其中至少有一项成绩不合格者。要求使用指针函数实现。

```
#include "stdio.h"
int *seek( int (*pnt_row)[3] )
{
    int i, *pnt_col;
    pnt_col=* (pnt_row+1);
    for(i=0; i<3; i++)
        if(* (*pnt_row+i)<60)
        {
            pnt_col=*pnt_row;
            break;
        }
    return(pnt_col);
}
void main()
{
    int grade[3][3]={{55,65,75},{65,75,59},{75,80,90}};
    int i,j,*pointer;
    for(i=0; i<3; i++)
    {
        pointer=seek(grade+i);
        if(pointer==*(grade+i))
        {
            printf("No.%d grade list: ",i+1);
            for(j=0; j<3; j++) printf("%d  ",*(pointer+j));
            printf("\n");
        }
    }
}
```

5. 编写程序，输入月份号，输出该月的英文名称。例如，若输入3，输出March，要求用指针数组处理。

```
#include "stdio.h"
void main()
{
    int i;
    char * ch[12]={"Janunary","February","March","April","May","June","July","August",
    "September","October","December","November"};
    scanf("%d",&i);
    printf("%s\n",ch[i-1]);
}
```

习题 6

一、单项选择题

1. D　　2. B　　3. B　　4. C　　5. A　　6. C

7. D　　8. A　　9. B　　10. B　　11. C　　12. B

二、填空题

1. T　　21

2. 40

3. struct DATE d={2006,10,1};

4. ->next->data
5. 20 15
6. Zhao,m,85,90
7. p->next
8. 270.00
9. 40
10. 34
11. 4
12. 39

三、编程题

1. 定义一个结构体变量（包括年、月、日）。计算该日在本年中是第几天，注意闰年情况。

```
#include <stdio.h>
struct {int year;int month;int day;}date;
void main()
{
    int days;
    printf("input year,month,day: ");
    scanf("%d,%d,%d",&date.year,&date.month,&date.day);
    switch(date.month)
    {
        case 1:days=date.day;break;
        case 2:days=date.day+31;break;
        case 3:days=date.day+59;break;
        case 4:days=date.day+90;break;
        case 5:days=date.day+120;break;
        case 6:days=date.day+151;break;
        case 7:days=date.day+181;break;
        case 8:days=date.day+212;break;
        case 9:days=date.day+243;break;
        case 10:days=date.day+273;break;
        case 11:days=date.day+304;break;
        case 12:days=date.day+334;break;
    }
    if((date.year%4==0&&date.year%100!=0||date.year%400==0)&&date.month>=3)
        days=days+1;
    printf("\n%d/%d is the %d day in %d.\n",date.month,date.day,days,date.year);
}
```

2. 有一个学生成绩数组，该数组中有 5 名学生的学号、姓名、三门课成绩等信息，要求：编写 input 函数输入数据，output 函数输出数据，在 main 函数中调用。

```
#include <stdio.h>
#define N 5
struct student
{
    long num;  char name[20];  int score[3];
}stu[N];
void input(struct student stu[])
{
    int i,j;
    for(i=0;i<N;i++)
    {
```

```
        printf("input scores of student %d: ",i+1);
        printf("input No.,Name: ");
        scanf("%ld,%s",&stu[i].num,stu[i].name);
        printf("input 3 score: ");
        for(j=0;j<3;j++)
            scanf("%d",&stu[i].score[j]);
        printf("\n");
    }
}
void output(struct student stu[])
{
    int i,j;
    printf("\n NO.    Name     score1        score2         score3\n");
    for(i=0;i<N;i++)
    {
        printf("%ld%10s",stu[i].num,stu[i].name);
        for(j=0;j<3;j++)
            printf("%10d",stu[i].score[j]);
        printf("\n");
    }
}
void main()
{
    input(stu);
    output(stu);
}
```

3. 有两个链表 a 和 b，设结点中包含学号和姓名。从 a 链表中删去与 b 链表中相同学号的结点。

```
#include <stdio.h>
#include <stdlib.h>
#define N 10
typedef struct student
{
    int num;
    float score;
    struct student *next;
}STU;
STU *create()
{
    int i;
    STU *p,*head=NULL,*tail=head;
    for (i=0;i<N;i++)
    {
        p=(STU *)malloc(sizeof(STU));
        scanf("%d%f",&p->num,&p->score);
        p->next=NULL;
        if (p->num<0)
        {
            free(p);
            break;
        }
        if(head==NULL)
            head=p;
        else
            tail->next=p;
```

```
        tail=p;
    }
    return head;
}
void output(STU *p)
{
    while (p!=NULL)
    {
        printf("%d\t%.2f\n",p->num,p->score);
        p=p->next;
    }
}
STU *del(STU *a,STU *b)
{
    STU *head,*p1,*p2;
    p1=p2=head=a;                        /* 让p1、p2、head结点指向链表a的头部 */
    while (b!=NULL)
    {
        p1=p2=head;                      /* 每次循环前让p1、p2始终指向删除后链表的头部 */
        while (p1!=NULL)
        {
            if (b->num==p1->num)         /* 学号相同，删除结点信息 */
                if(p1==head)             /* 如果删除的是头结点，则头结点位置要后移 */
                {
                    head=p1->next;
                    free(p1);
                    p1=p2=head;
                }
                else                      /* 如果删除的是中间结点 */
                {
                    p2->next=p1->next;
                    free(p1);
                    p1=p2->next;
                }
            else                          /* 学号不同，则p1,p2指针依次后移 */
            {
                p2=p1;
                p1=p1->next;
            }
        }
        b=b->next;
    }
    return head;
}
void main(int argc, char *argv[])
{
    STU *a,*b,*c;
    printf("\n请输入链表a的信息，学号小于零时结束输入：格式(学号 成绩)\n");
    a=create();
    printf("\n请输入链表b的信息，学号小于零时结束输入：格式(学号 成绩)\n\n");
    b=create();
    system("cls");
    printf("\链表a的信息为：\n ");
```

```
    output(a);
    printf("\n链表b的信息为：\n");
    output(b);
    c=del(a,b);
    printf("\n删除后的链表信息为：\n");
    output(c);
}
```

4. 已知head指向一个带头结点的单向链表，链表中每个结点包括数据域（data）和指针域（next），数据域为整型。请编写函数，在链表中查找数据域值最大的结点。要求：由函数返回找到的最大值。

```
#include <stdio.h>
struct node
{
    int data;
    struct node *next;
};
int max(struct node *head)
{
    struct node *p; int max;
    p=head->next;
    max=p->data;
    for(;p!=NULL;p=p->next)
    {if(max<p->data) max=p->data;}
    return max;
}
```

5. 在上题的基础上，将要求改为由函数返回最大值所在结点的地址。

```
#include <stdio.h>
struct node *max(struct node *head)
{
    struct node *p,*max;
    p=max=head->next;
    for(;p!=NULL;p=p->next)
    {if(max->data<p->data) max=p;}
    return max;
}
```

6. 口袋中有红、黄、蓝、白、黑5种颜色的球若干个。每次从口袋中取出3个球，问得到3种不同色的球的可能取法，打印出每种组合的3种颜色。球只能是5种颜色之一，而且要判断各球是否同色，应使用枚举类型变量处理。

```
#include<stdio.h>
void main()
{
    enum color{red,yellow,blue,white,black};
    enum color pri;
    int i,j,k,n,loop;
    n=0;
    for(i=red;i<=black;i++)
        for(j=red;j<=black;j++)
            if(i!=j)
            {
                for(k=red;k<=black;k++)
                    if((k!=i)&& (k!=j))
                    {
```

```
                    n=n+1;
                    printf("%-4d",n);
                    for(loop=1;loop<=3;loop++)
                    {
                        switch(loop)
                        {
                            case 1: pri=(color)i;break;
                            case 2: pri=(color)j;break;
                            case 3: pri=(color)k;break;
                            default:break;
                        }
                        switch(pri)
                        {
                            case red: printf("%-10s","red");break;
                            case yellow: printf("%-10s","yellow");break;
                            case blue: printf("%-10s","blue");break;
                            case white: printf("%-10s","white");break;
                            case black: printf("%-10s","black");break;
                            default:  break;
                        }
                    }
                    printf("\n");
                }
            }
    printf("\ntotal:%5d\n",n);
}
```

7. 简述类型定义的作用，它与宏定义有何不同。

类型定义就是给已有的类型名起一个新名，并没有创建新的类型，它完全可以替代原有的类型。而宏定义只是简单的替换，不能代替原有内容。

习题 7

一、单项选择题

1. D　2. B　3. C　4. D　5. D　6. B　7. B　8. B
9. C　10. C

二、填空题

1. 宏定义、文件包含、条件编译
2. #
3. 字符串
4. 分号
5. #define
6. 12
7. 3.14159
8. #undef

三、阅读程序

1. 7
2. 78.500000
3. 1000，10

4. 41

5. c= 9.0

四、编程题

1. 定义一个带参的宏 swap(x,y)，以实现两个整数之间的交换，并利用它将一维数组 a 和 b 的值进行交换。

```
#define swap(x,y) {int t;t=x;x=y;y=t;}
#include<stdio.h>
void main()
{
    int i,a[10],b[10];
    printf("\nInput a:");
    for(i=0;i<10;i++)
       scanf("%d",&a[i]);
    printf("\nInput b:");
    for(i=0;i<10;i++)
      scanf("%d",&b[i]);
    for(i=0;i<10;i++)
      swap(a[i],b[i]);
    printf("\nChanging a:");
    for(i=0;i<10;i++)
      printf("%d ",a[i]);
    printf("\nChanging b:");
    for(i=0;i<10;i++)
      printf("%d ",b[i]);
}
```

2. 自定义一个含整型、实型、字符型输出格式的 format.h 文件，设计一个程序 prog.c，包含该 format.h 文件。

答案：略

习题 8

一、单项选择题

1. C 2. C 3. B 4. C 5. B 6. B 7. A 8. D 9. A

二、填空题

1. 00001111

2. 11110000

3. 00000110

4. $$$

5. 操作数除以 2

6. 按位取反~

7. unsigned 或 int 类型

8. 补码

三、阅读程序

1. 3，11，22

2. 0

3. 16

4. 4，3

5. x=11，y=17，z=11

四、编程题

1. 取一个整数 a 从右端开始的第 4～9 位，位号从 0 开始。例如：16 位数为 0-15 位。

```
#include<stdio.h>
void main()
{
    unsigned a,b,c,d;
    scanf("%o",&a);
    b=a>>4;
    c=~(~0<<6);
    d=b&c;
    printf("%o,%d\n%o,%d\n",a,a,d,d);
}
```

2. 已知整数 a，将整数 a 的右边第 1、2、4、5、8 位保留(右起为第 1 位)，其他位翻转构成新 a，并以八进制格式输出。

```
#include <stdio.h>
void  binary(int  x)                    /* 函数binary用来显示一个整数的二进制位*/
{
    int length,i;
    length=sizeof(x);
    for(i=0;i<length*8;i++)
    printf("%d",(x>>(length*8-1-i))&0x01);
    printf("\n");
}
void main()
{
    int  a ,b ;
    printf("请输入整数a的值：");
    scanf ("%d",&a );
    printf("数值%d对应的二进制数为：",a);
    binary(a);
    b = 0233;
    b = ~b;
    a = a ^ b;
    printf("处理后的数为：%o\n", a );
    printf("数值%o对应的二进制数为",a);
    binary(a);
}
```

习题 9

一、单项选择题

1. D　2. B　3. A　4. D　5. C　6. C　7. D　8. A　9. B

二、填空题

1. 文本文件　二进制文件

2. 出错

3. 清除 abc 原有的数据

4. fscanf/fprintf　fread/fwrite　fgets/fputs

5. fseek　　　ftell
6. 顺序　　随机
7. 二进制　　ASCII
8. 字节　　流式
9. 非零值　　0

三、程序填空题

1. （1）“r”　　　　（2）fgetc(fp)　　　（3）count++
2. （1）*fp1，*fp2 （2）rewind(fp1);　（3）getc (fp1), fp2
3. （1）fname　　　（2）fp

四、编程题

1. 编写一个程序，由键盘输入一个文件名，然后把从键盘输入的字符依次存放到该文件中，用‘#’作为结束输入的标志。

```
#include <stdio.h>
void main()
{
    FILE *fp;
    char ch,fname[10];
    printf("输入一个文件名:");
    gets(fname);
    if((fp=fopen(fname,"w+"))==NULL)
    {
        printf("不能打开%s 文件\n",fname);
        exit(1);
    }
    printf("输入数据:\n");
    while((ch=getchar())!='#')
        fputc(ch,fp);
    fclose(fp);
}
```

2. 编写一个程序，建立一个 abc 文本文件，向其中写入“this is a test”字符串，然后显示该文件的内容。

```
#include <stdio.h>
#include <string.h>
void main()
{
    FILE *fp;
    char msg[]="this is a test";
    char buf[20];
    if((fp=fopen("abc","w+"))==NULL)
    {
        printf("不能建立 abc 文件\n");
        exit(1);
    }
    fwrite(msg,strlen(msg)+1,1,fp);
    fseek(fp,SEEK_SET,0);
    fread(buf,strlen(msg)+1,1,fp);
    printf("%s\n",buf);
    fclose(fp);
}
```

3. 编写一程序，查找指定的文本文件中某个单词出现的行号及该行的内容。

```
/* filename:findword.c */
#include <stdio.h>
void main(int argc,char *argv[])
{
    char buff[256];
    FILE *fp;
    int lcnt;
    if(argc<3)
    {
        printf("Usage findword filename word\n");
        exit(0);
    }
    if((fp=fopen(argv[1],"r"))==NULL)
    {
        printf("不能打开%s 文件\n",argv[1]);
        exit(1);
    }
    lcnt=1;
    while(fgets(buff,256,fp)!=NULL)
    {
        if(str_index(argv[2],buff)!=-1)
        printf("%3d:%s",lcnt,buff);
        lcnt++;
    }
    fclose(fp);
}
int str_index(char substr[],char str[])
{
    int i,j,k;
    for(i=0;str[i];i++)
    for(j=i,k=0;str[j]= =substr[k];j++,k++)
        if(!substr[k+1]) return(i);
    return(-1);
}
```

使用命令：

```
findword findword.c printf
```

执行本程序的结果如下：

```
10: printf("Usage findword filename word\n");
15: printf("不能打开%s 文件\n",argv[1]);
22: printf("%3d:%s",lcnt,buff);
```

4. 编写一程序 fcat.c，把命令行中指定的多个文本文件连接成一个文件。例如：

```
    fcat file1 file2 file3
```

它把文本文件 file1、file2 和 file3 连接成一个文件，连接后的文件名为 file1。

```
/* filename:fcat.c */
#include <stdio.h>
unsigned char *buffer;
void main(int argc,char *argv[])
{
    int i;
    if(argc<=2)
    {
```

```
        printf("Usage:fcat file1 file2 file3\n");
        exit(1);
    }
    buffer=(unsigned char *)malloc(80);
    for(i=2;i<argc;i++)
        fcat(argv[1],argv[i]);
}
fcat(char target[],char source[])
{
    FILE *fp1,*fp2;
    if((fp1=fopen(target,"a"))==NULL)
    {
        printf("文件%s 打开失败! \n",target);
        exit(1);
    }
    if((fp2=fopen(source,"r"))==NULL)
    {
        printf("文件%s 打开失败! \n",source);
        exit(1);
    }
    fputs("\n",fp1);
    fputs("Filename: ",fp1);
    fputs(source,fp1);
    fputs("\n-----------------------------------------------------------\n",fp1);
    while(fgets(buffer,80,fp2))
        fputs(buffer,fp1);
    fclose(fp1);
    fclose(fp2);
}
```

5. 编写一个程序，将指定的文本文件中某单词替换成另一个单词。

```
/* filename:replaceword.c */
#include <stdio.h>
#include <string.h>
void main(int argc,char *argv[])
{
    char buff[256];
    FILE *fp1,*fp2;
    if(argc<5)
    {
        printf("Usage:replaceword oldfile newfile oldword newword\n");
        exit(0);
    }
    if((fp1=fopen(argv[1],"r"))==NULL)
    {
        printf("不能打开%s 文件\n",argv[1]);
        exit(1);
    }
    if((fp2=fopen(argv[2],"w"))==NULL)
    {
        printf("不能建立%s 文件\n",argv[2]);
        exit(1);
    }
    while(fgets(buff,256,fp1)!=NULL)
    {
```

```
            while(str_replace(argv[3],argv[4],buff)!=-1);
            fputs(buff,fp2);
        }
        fclose(fp1);
        fclose(fp2);
    }
    int str_replace(char oldstr[],char newstr[],char str[])
    {
        int i,j,k,location=-1;
        char temp[256],temp1[256];
        for(i=0;str[i]&&(location= =-1);i++)
        for(j=i,k=0;str[j]= =oldstr[k];j++,k++)
            if(!oldstr[k+1])
                location=i;
        if(location!=-1)
        {
            for(i=0;i<location;i++)
                temp[i]=str[i];
            temp[i]='\0';
            strcat(temp,newstr);
            for(k=0;oldstr[k];k++);
                for(i=0,j=location+k;str[j];i++,j++)
                    temp1[i]=str[j];
            temp1[i]='\0';
            strcat(temp,temp1);
            strcpy(str,temp);
            return(location);
        }
        else
            return(-1);
    }
```

4.2 基础实验部分【思考与练习】参考答案

实验 1

1. 设圆半径 r=1.5，求圆周长。

```
#include <stdio.h>
void main()
{
    float r,l,pi=3.1416;
    scanf("%f",&r);
    l=2*pi*r;
    printf("l=%5.2f\n",l);
}
```

输入：1.5

输出：l= 9.42

2. 编写程序，读入 3 个整数 a、b、c，然后交换它们中的数，把 a 中原来的值给 b，把 b 中的值给 c，把 c 中的值给 a，并将结果 a、b、c 输出。

```
#include <stdio.h>
```

```
void main()
{
    int a,b,c,t;
    scanf("%d%d %d ",&a, &b, &c);
    t=c; c=b; b=a; a=t;
    printf("%d%d %d ",a, b, c);
}
```

输入：1 2 3

输出： 3 1 2

实验 2

1. abc 是标识符，2 是整型常量，struct 是关键字，"opiu"是字符串常量，'k'是字符常量，"k"是字符串常量，false 是布尔常量，bnm 是标识符，true 是布尔常量，0xad 是十六进制的整型常量，045 是八进制的整型常量，if、goto 都是关键字。

2. ①错。②对。

3. %h 和 b*/c 不是合法的表达式，其余的都是合法的表达式。

3+4 是算术表达式。

3>=(k+p)是关系表达式。

z&&(k*3)、!mp 是逻辑表达式。

5%k 是算术表达式。

a==b 是关系表达式。

(d=3)>k 是关系表达式。

4. −18

5.
```
#include<stdio.h>
void main()
{
    char c1,c2;
    c1=getchar();
    c2=getchar();
    putchar(c1);
    putchar(c2);
    printf("\n");
    printf("%c,%c\n",c1,c2);
}
```

（1）c1 和 c2 可以定义为字符型，也可以定义为整型。

（2）用 printf 函数，在其中用格式符%d 输出，即

```
printf("%d,%d\n",c1,c2);
```

实验 3

1.

```
#include <stdio.h>
void main()
{
    int x,y,z,max;
    printf("input three numbers:\n");
    max=x;
        scanf("%d%d%d",x,y,z);                    //scanf("%d%d%d",&x,&y,&z);
```

```
        if(z>y)
        {
            if(z>x) max=z;
        }
        else
        {
            if(y>x) max=y;
        }
        printf("%d\n",max);
    }
```

2.

```
y=1
x=0
x=x+j
```

3.

```
s=93
```

实验 4

1. 输入 10 个数字，找出最大值和最小值所在的位置，并把两者对调，然后输出调整后的 10 个数。

```
#include "stdio.h"
void main()
{
    int a[10],i,max,min,t;
    printf("请输入 10 个整数:");
    for(i=0;i<=9;i++)
        scanf("%d",&a[i]);
    max=0;min=0;
    for(i=0;i<=9;i++)
    {
        if(a[max]<a[i] )max=i;
        if(a[min]>a[i]) min=i;
    }
    t=a[min];
    a[min]=a[max];
    a[max]=t;
    printf("交换后的数组值为:\n");
    for(i=0;i<=9;i++)
        printf("%4d",a[i]);
    printf("\n");
}
```

2. 编写程序，找出一个二维数组中的“鞍点”。“鞍点”是指该位置上的元素在该行中最大，在该列中最小（也可能没有“鞍点”），打印出有关信息。数组元素采用初始化赋值。

$$\begin{bmatrix} 10 & 80 & 120 & 41 \\ 90 & -60 & 96 & 9 \\ 240 & 3 & 107 & 89 \end{bmatrix}$$

```
#include <stdio.h>
void main()
{
```

```
    int  a[3][4]={10,80,120,41,90,-60,96,9,240,3,107,89};
    int i,j,k,row,col,find=0;
    printf("数组值为:\n");
    for(i=0;i<3;i++)
    {
        for(j=0;j<4;j++)
            printf("%5d",a[i][j]);
        printf("\n ");
    }
    for(i=0;i<3;i++)
    {
        for(col=0,j=1;j<4;j++)
            if(a[i][col]<a[i][j]) col=j;
        for(row=0,k=1;k<3;k++)
            if(a[row][col]>a[k][col]) row=k;
        if(i==row)
        {
            find=1;
            printf("鞍点是 a[%d][%d]\n",row,col);
        }
    }
    if(!find)
    printf("\n 未发现鞍点! \n");
}
```

实验 5

1. 有一篇文章，共有 4 行，每行有 50 个字符，要求分别统计其中的英文大写字母、小写字母、数字、空格及其他字符的个数。

```
#include <stdio.h>
void  main()
{
    int i,j,upp,low,dig,spa,oth;
    char text[4][50];
    upp=low=dig=spa=oth=0;
    printf("请输入 4 行字符:\n");
    for(i=0;i<4;i++)
    {
        gets(text[i]);
        for(j=0;j<50&&text[i][j]!= '\0';j++)
        {
            if(text[i][j]>='A'&&text[i][j]<='Z') upp++;
            else if(text[i][j]>='a'&&text[i][j]<='z') low++;
                else if(text[i][j]>='0'&&text[i][j]<='9') dig++;
                    else if(text[i][j]== ' ') spa++;
                        else oth++;
        }
    }
    printf("大写字母: %d 个\n",upp);
    printf("小写字母: %d 个\n",low);
    printf("数字   : %d 个\n",dig);
    printf("空格   : %d 个\n",spa);
    printf("其他字符: %d 个\n",oth);
```

```
}
```

2. 有一行电文，需要进行加密，加密规则是：

A→Z　a→z

B→Y　b→y

C→X　c→x

…　…

即第一个字母变成了第 26 个字母，第 *i* 个字母变成第（26-i+1）个字母。非字母字符不变。要求编程实现将输入的一行原文加密成密文，并输出原文和密文。

```
#include <stdio.h>
#include <string.h>
void  main()
{
    char s1[80],s2[80];
    int i,j;
    printf("请输入需加密的原文:");
    gets(s1);
    j=strlen(s1);
    for(i=0;i<j;i++)
    {
        if(s1[i]>='a'&&s1[i]<='z') s2[i]=219-s1[i];
        else if(s1[i]>='A'&&s1[i]<='Z') s2[i]=155-s1[i];
            else  s2[i]=s1[i];
    }
    s2[i]='\0';
    printf("原文为:%s\n",s1);
    printf("密文为:%s\n",s2);
}
```

3. 编写程序，删除字符串中的某一个字符，字符串和删除的字符均由键盘输入。

```
#include <stdio.h>
void  main()
{
    char str[81];
    char c;int i,j=0;
    printf("请输入一个字符串:");
    gets(str);
    printf("请输入删除的字符:");
    scanf("%c",&c);
    for(i=0;str[i]!='\0';i++)
        if(str[i]!=c)
          str[j++]=str[i];
    str[j]='\0';
    printf("%s\n",str);
}
```

4. 编写程序，删除字符串中重复的字符。

```
#include <stdio.h>
void  main()
{
    char str[81],s[81];
    int i,j,k=0;
    printf("请输入一个字符串:");
```

```
    gets(str);
    for(i=0;str[i]!='\0';i++)
    {
        for(j=0;j<k;j++)
            if(str[i]==s[j]) break;
        if(j>=k) s[k++]=str[i];
    }
    s[k]='\0';
    printf("无重复的字符串为:%s\n",s);
}
```

实验 6

1. 编写函数将一个十六进制字符串转换为十进制数字。

```
#include <stdio.h>
int convert(char c[])
{
    int s,i,t;
    i=0;
    while(c[i]!='\0')i++;
    i=i-1;s=0;t=1;
    while(i>=0)
    {
        if(c[i]>='A' && c[i]<='F')
            s=s+t*(c[i]-55);
        else if(c[i]>='a' && c[i]<='f')
                s=s+t*(c[i]-87);
            else
                s=s+t*(c[i]-48);
         t=t*16;
         i--;
    }
    return s;
}
void  main()
{
    int x;
    char c[16];
    printf("请输入一个十六进制数:");
    scanf("%s",c);
    x=convert(c);
    printf("十进制数为:%d\n",x);
}
```

2. 编写函数判断输入的这个整数是否为素数。若是素数，函数返回 1；否则返回 0。

```
#include <stdio.h>
#include <math.h>
int prime(int x)
{
    int i;
    for(i=2;i<sqrt(x);i++)
        if(x%i==0) return(0);
    return(1);
}
void  main()
```

```
{
    int x,y;
    printf("请输入一个整数:");
    scanf("%d",&x);
    y=prime(x);
    if(y==1)
        printf("%d是素数! \n",x);
    else
        printf("%d不是素数! \n",x);
}
```

3. 已有字符串“hello,friend!”，要求编写两个函数，用嵌套的方法交替输出字符串中的字符。例：f1()先输出 h，f2()再输出 e，f1()再输出 l……

```
#include <stdio.h>
#include <string.h>
char st[]="hello,friend!";
void func2(int i);
void func1(int i)
{
    printf("#%c",st[i]);
    if(i<(strlen(st)-1))
    {
        i+=1;
        func2(i);
    }
}
void func2(int i)
{
    printf("*%c",st[i]);
    if(i<(strlen(st)-1))
    {
        i+=1;
        func1(i);
    }
}
void  main()
{
    int i=0;
    func1(i);
    printf("\n");
}
```

4. 编写函数判断一个数字是否是水仙花数。若是水仙花数，函数返回 1；否则返回 0。

```
#include <stdio.h>
int prime(int x)
{
    int a,b,c;
    a=x%10;
    b=x/10%10;
    c=x/100;
    if(x==a*a*a+b*b*b+c*c*c)
        return 1;
    else
        return 0;
}
```

```
void  main()
{
    int x;
    printf("请输入一个三位数:");
    scanf("%d",&x);
    if(prime(x)==1)
        printf("%d 是水仙花数! \n",x);
    else
        printf("%d 不是水仙花数! \n",x);
}
```

5. 编写函数输出序列：2,2,4,6,10,16,26,42,68,110，…中的第n个数，要求在主函数中实现：

（1）从键盘输入序列中数据的个数n;

（2）输出第n个数字。

```
#include <stdio.h>
int prog(int n)
{
    int i,f1,f2;
    if(n==1 || n==2)
        return 2;
    else
    {
        f1=2;f2=2;i=3;
        while(i<=n)
        {
            f2=f1+f2;
            f1=f2-f1;
            i++;
        }
        return f2;
    }
}
void  main()
{
    int n,m;
    printf("请输入一个数n:");
    scanf("%d",&n);
    m=prog(n);
    printf("序列中第%d 个数字为%d\n",n,m);
}
```

6. 编写函数，实现两个字符串的连接，要求不使用字符串连接函数。

```
#include <stdio.h>
void scat(char c1[],char c2[])
{
    int i,j;
    i=0;
    while(c1[i]!='\0')i++;
    j=0;
    while(c2[j]!='\0') c1[i++]=c2[j++];
    c1[i]='\0';
}
void  main()
{
    char s1[100],s2[100];
    printf("请输入两个字符串:");
```

```
    gets(s1);
    gets(s2);
    scat(s1,s2);
    printf("连接后的字符串为:%s\n",s1);
}
```

实验 7

1. 编写一个函数，对传递过来的三个数求出最大数和最小数，并通过形参传送回调用函数。

```
#include "stdio.h"
void f(int a,int b,int c,int *pmax,int *pmin)
{
    *pmax=*pmin=a;
    if(*pmax<b) *pmax=b;
    if(*pmax<c) *pmax=c;
    if(*pmin>b) *pmin=b;
    if(*pmin>c) *pmin=c;
    return;
}
void main()
{
    int a,b,c,max,min;
    printf("input a,b,c=?");
    scanf("%d,%d,%d",&a,&b,&c);
    f(a,b,c,&max,&min);
    printf("max=%d min=%d",max,min);
}
```

2. 编写函数，对传递进来的两个整型数据，计算它们的和与积之后，通过参数返回。

```
#include <stdio.h>
void compute(int m, int n, int *sum, int *p);
void compute(int m, int n, int *sum, int *p)
{
    *sum=m+n;
    *p=m*n;
}
void main()
{
    int x,y,sum,product;
    printf("enter 2 integers:\n");
    scanf("%d%d",&x,&y);
    compute(x,y,&sum,&product);
    printf("x=%d y=%d sum=%d product=%d\n",x,y,sum,product);
}
```

3. 从键盘输入 10 个数，使用冒泡法对这 10 个数进行排序。

```
#include <stdio.h>
#define N 10
void sort(int *a,int n)
{
    int i,j,t;
    for(i=0;i<n;i++)
        for(j=i+1;j<n;j++)
            if(*(a+i)>*(a+j))
            {
```

```
                t=*(a+i);
                *(a+i)=*(a+j);
                *(a+j)=t;
            }
}
void main()
{
    int a[N],*p=a,i;
    printf("Input %d numbers:\n",N);
    for(i=0;i<N;i++)
        scanf("%d",p+i);
    sort(p,N);
    printf("The sorted numbers are:\n");
    for(i=0;i<N;i++)
        printf("%d ",*p++);
    printf("\n");
}
```

实验 8

1. 编写一个程序，将用户输入的字符串中的所有数字提取出来。

```
#include <stdio.h>
#include <string.h>
void main()
{
    char string[81],digit[81];
    char *ps;
    int i=0;
    printf("enter a string:\n");
    gets(string);
    ps=string;
    while(*ps!='\0')
    {
        if(*ps>='0'&& *ps<='9')
        {
            digit[i]=*ps;
            i++;
        }
        ps++;
    }
    digit[i]='\0';
    printf("string=%s  digit=%s\n",string,digit);
}
```

2. 编写函数实现，将一个字符串中的字母全部转换为大写。

```
#include <stdio.h>
#include <string.h>
char *Upper(char *s);
char *Upper(char *s)
{
    char *ps;
    ps=s;
    while(*ps)
    {
        if(*ps>='a'&& *ps<='z')
```

```
            *ps=*ps-32;
            ps++;
        }
        return s;
}
void main()
{
        char string[81];
        printf("enter a string:\n");
        gets(string);
        printf("before convert: string=%s\n",string);
        printf(" after convert: string=%s\n",Upper(string));
}
```

实验 9

1. 有 8 名学生，每个学生包括学号、姓名和成绩，要求按成绩递增排序并输出。要求如下：

（1）学生信息的输入和输出在主函数内实现。

（2）按成绩递增排序在 sort 函数中实现。

```
#include <stdio.h>
typedef struct student
{
    long num;
    char name[20];
    int score;
    }stu;
    stu s[8];
    void sort()
    {
        int i,j;stu t;
        for(i=0;i<7;i++)
            for(j=0;j<7-i;j++)
                if(s[j].score>s[j+1].score)
                {t=s[j];s[j]=s[j+1];s[j+1]=t;}
}
void main()
{
    int i;
    printf("please input 8 student's information: ");
    for(i=0;i<8;i++)
    {
        scanf("%ld",&s[i].num);
        scanf("%s",&s[i].name);
        scanf("%d",&s[i].score);
    }
    sort();
    printf("NO.\tName\tScore\n");
    for(i=0;i<8;i++)
        printf("%ld\t%s\t%d\n",s[i].num,s[i].name,s[i].score);
}
```

2. 有一批图书，每本图书要登记作者姓名、书名、出版社、出版年月、价格等信息，试编写一个程序完成下列任务。

（1）读入每本书的信息存入数组中。

（2）输出价格在 19.80 元以下的书名及出版社名。

（3）输出 2006 年以后出版的图书具体信息。

```
#include <stdio.h>
struct date{int year; int month;};
typedef struct infor
{
    char author[20];
    char bookname[30];
    char pub[40];
    struct date pubdate;
        float price;
}infor;
infor book[6];
void main()
{
    int i;
    float price;
    infor *p;
    p=book;
    for(i=0;i<6;i++)
    {
        scanf("%s",book[i].author);
        scanf("%s",book[i].bookname);
        scanf("%s",book[i].pub);
        scanf("%d,%d",&book[i].pubdate.year,&book[i].pubdate.month);
        scanf("%f",&price);
        p->price=price;
        p++;
    }
   for(i=0;i<6;i++)
   {
       if(book[i].price<19.8)
           printf("\n%s,%s\n",book[i].bookname,book[i].pub);
       if(book[i].pubdate.year>2006)
           printf("%s,%s,%s,%d,%d,%f\n",book[i].author,book[i].bookname,book[i].pub,
           book[i].pubdate.year, book[i].pubdate.month, book[i].price);
    }
}
```

3. 建立一个通信录，具体要求如下。

（1）建立通信录结构为：姓名、性别、出生日期、联系地址、联系电话、E-mail。

（2）所有相关数据直接由主函数进行初始化。

（3）编写一函数，完成通信录按姓名进行排序（升序）操作。

（4）主函数调用排序函数，能输出指定姓名的相关数据。

```
#include <stdio.h>
#include <string.h>
struct date{int year; int month;};
struct record{
char name[20];
char sex;
struct date birthday;
char address[40];
char tel[20];
char email[20];
```

```
}s[3];
void sort()
{
    int i,j;struct record t;
    for(i=0;i<2;i++)
    for(j=0;j<2-i;j++)
        if(strcmp(s[j].name,s[j+1].name)>0)
            {t=s[j];s[j]=s[j+1];s[j+1]=t;}
}
void main()
{
    int i;
    printf("please input 3 student's information:\n");
    for(i=0;i<3;i++)
    {
        printf("name:");
        scanf("%s",s[i].name);
        getchar();
        printf("sex:(m/f)");
        scanf("%c",&s[i].sex);
        printf("birthday:(year month)");
        scanf("%d%d",&s[i].birthday.year, &s[i].birthday.month);
        printf("address:");
        scanf("%s",s[i].address);
        printf("tel:");
        scanf("%s",s[i].tel);
        printf("email:");
        scanf("%s",s[i].email);
    }
    sort();
    printf("\nName\tSex\tbirthday\taddress\t\ttel\t\temail\n");
    for(i=0;i<3;i++)
    {
        printf("%s\t%c\t%d-%d\t\t%s\t\t%s\t\t%s\n",s[i].name,s[i].sex,s[i]. birthday.year,
        s[i].birthday.month,s[i].address,s[i].tel,s[i].email);
    }
}
```

实验 10

1. 已知 head 指向一个带头结点的单向链表。链表中每个结点包括数据域（data）和指针域（next），数据域为整型。请编写函数，求链表中各个结点数据域之和。

```
#include <stdio.h>
#include <malloc.h>
#define NULL 0
#define LEN sizeof(node)
typedef struct node
{
    int data;
    struct node *next;
}node;
int n;
node *creatlist()
{
    node *head,*p,*q;
```

```
    n=0;
    p=q=(struct node *)malloc(LEN);
    scanf("%d",&p->data);
    head=NULL;
    while(p->data!=0)
    {
        n=n+1;
        if(n==1) head=p;
        else q->next=p;
        q=p;
        p=(node*)malloc(LEN);
        scanf("%d", &p->data);
    }
    q->next=NULL;
    return(head);
}
void print(node * head)
{
    struct node *p;
    printf("\nThese %d records are:\n",n);
    p=head;
    if(head!=NULL)
    do{
        printf("%d\n",p->data);
        p=p->next;
    }while (p!= NULL);
}
int sum(node *h)
{
    node *p;int s=0;
    p=h;
    while(p!=NULL)
    {
        s+=p->data;
        p=p->next;
    }
    return s;
}
void main()
{
    int s;
    node *head;
    printf("input records:\n");
    head=creatlist();
    print(head);
    s=sum(head);
    printf("\nthe sum is:%d\n",s);
}
```

2. 声明一个时间结构体 TIME，包含成员：时(int hour)、分(int minute)、秒(int second)。定义函数 update(…)用于更新时间。假设当前时刻为 23:59:59，则调用函数 update 将得到下一刻时间为 00:00:00；假设当前时刻为 23:45:56，则调用函数 update 将得到下一刻时间为 23:45:57。

要求：编程模拟一个时钟（时间实时更新）。

```
#include<stdio.h>
```

```
#include<stdlib.h>
#include<time.h>
#include<Windows.h>
struct time
{
    int hour;
    int minute;
    int second;
};
void update(struct time *t)
{
    int i;
    for(i=0;;i++)
    {
        printf("%2d:%2d:%2d\r",t->hour,t->minute,t->second);
        Sleep(1000);
        t->second++;
        if(t->second>=60)
        {
            t->second=0;
            t->minute++;
            if(t->minute>=60)
            {
                t->minute=0;
                t->hour++;
                if(t->hour>=24)
                {
                    t->hour=0;
                }
            }
        }
    }
}
void main()
{
    struct time TM;
    struct tm *t;
    time_t tt;
    time(&tt);
    t=localtime(&tt);
    TM.hour=t->tm_hour;
    TM.minute=t->tm_min;
    TM.second=t->tm_sec;
    update(&TM);
}
```

实验 11

1. 编写计算球体体积的程序，用宏定义的方式说明圆周率 PI 以及计算球体体积的公式。

程序代码如下：

```
#include <stdio.h>
#define PI 3.14159
#define VOL(r) PI*r*r*r*4.0/3
void main()
{
```

```
    float r,volume;
    printf("请输入球体的半径值：");
    scanf("%f",&r);
    volume=VOL(r);
    printf("半径为%f 的球体体积=%f\n",r,volume);
}
```

2. 输入一个口令，根据需要设置条件编译，使之能将口令原码输出，或仅输出若干星号“*”。

程序代码如下：

```
#define PASSWORD 1              /* 预置为源码输出 */
#define N  20
#include <stdio.h>
void main()
{
    char s[N];
    int i;
    gets(s);
    #if PASSWORD                /* 源码输出 */
        puts(s);
    #else                       /* 输出星号 */
        for(i=1;i<=N-1;i++)
           printf("*");
    #endif
}
```

实验 12

1. a，b 为整型数据，a=0x4139，b=0x3842，编写一段程序，求整型变量 x 的值，要求 x 的低字节为 a 的低字节的值，x 的高字节为 b 的高字节的值。

程序代码如下：

```
#include<stdio.h>
void main()
{
    unsigned a,b,x;
    a=0x4139;
    b=0x3842;
    x=0x0000;
    a=a&0x00ff;              /* 截取 a 的低字节 8 位 */
    b=b&0xff00;              /* 截取 b 的高字节 8 位 */
    x=a|b;                   /* 将新的 a、b 进行拼接 */
    printf("a=%x: \n",a);
    printf("b=%x: \n",b);
    printf("x=%x: \n",x);
}
```

2. 实现一个整数的低 4 位翻转，用十六进制数输入和输出。

程序代码如下：

```
#include <stdio.h>
void main()
{
    int a,b;
    scanf("%x",&a);
```

```
    b=a^15;                    /* 将整数的低 4 位翻转 */
    printf("翻转后为%x\n",b);
}
```

实验 13

1. 用文件存储学生数据。有 5 个学生，每个学生有 3 门课的成绩，从键盘输入数据(包括学生号、姓名、3 门课成绩)，计算出平均成绩，将原有数据和计算出的平均分数存放在磁盘文件 stud 中。设 5 名学生的学号、姓名和 3 门课成绩如下：

99101　Wang　89　98　67
99103　Li　60　80　90
99106　Fun　75　91　99
99110　Ling　80　50　62
99113　Yuan　58　68　71

分析：该问题有两个主要步骤。

（1）定义结构体数组，将输入数据首先存储到结构体数组中。

（2）将结构体数组中的数据读出来，以块写入的方式写到指定的文件中。

参考程序如下：

```
/*用文件存储学生数据程序*/
#include "stdio.h"
#define N 5
struct student                                /*定义学生结构体数据类型*/
{
    char num[10];
    char name[8];
    int score[3];
    float ave;
};
void main()
{
    struct student stu[5];
     int i,j;
     FILE *fp;
     float sum;
     for(i=0;i<N;i++)
     {
         printf("Enter num: ");
         scanf("%s",stu[i].num);              /*输入学生的学号*/
         printf("Enter name: ");
         scanf("%s",stu[i].name);             /*输入学生的姓名*/
         sum=0;
         for(j=0;j<3;j++)                     /*输入学生的三门课的成绩*/
         {
           printf("Enter socre%d: ",j+1);
           scanf("%d",&stu[i].score[j]);      /*计算总成绩*/
           sum=sum+stu[i].score[j];
           getchar();
         }
```

```
        stu[i].ave=sum/3.0;                        /*计算平均成绩*/
    }
    printf("\n");
    if((fp=fopen("stud ","w"))==NULL)
    {
        printf("Can not open this file.\n");
        exit(1);
    }
    for(i=0;i<N;i++)
        fwrite(&stu[i],sizeof(struct student),1,fp);
    fclose(fp);
    if((fp=fopen("stud ","r"))==NULL)
    {
        printf("Can not open this file.\n");
        exit(1);    }
    for(i=0;i<N;i++)
    {
        fread(&stu[i],sizeof(struct student),1,fp);
        printf("%s  %s  ",stu[i].num,stu[i].name);
        for(j=0;j<3;j++)
           printf("%d  ",stu[i].score[j]);
        printf("%f\n",stu[i].ave);
    }
    fclose(fp);
}
```

程序调试：

① 为了观察文件的存储操作是否正确，在调试程序时应增加显示存储文件的程序代码。也可以单独编写程序，显示存储文件。

② 在参考程序中，在写文件时使用的是“w”操作方式，显示文件时重新用“r”方式打开。请修改程序，使用一种文件操作方式，写完之后，再从头显示文件内容。

4.3 模拟试题参考答案

模拟题（一）参考答案

一、单项选择题（20 分，每题 1 分）

1. B　2. A　3. B　4. C　5. C　6. A　7. D　8. C　9. D
10. B　11. D　12. A　13. B　14. C　15. B　16. D　17. A　18. C
19. D　20. B

二、填空题（24 分，每空 2 分）

1. C，OBJ，EXE(小写也正确)
2. long(int) a,b;
3. 1.5
4. 7.000000
5. 2 ，3 ，8
6. 7

7. 类型不同
8. 存储在外部介质上的相关数据集合

三、阅读程序，写出程序运行结果（25 分，每题 5 分）

1. a10=1,a8=1,a16=1
   c10=65,c8=101,c16=41,cc=A
   d10=98,dc=b
2. 4,3,5
3. ***
4. sum=15
5. m=56

四、编程题（31 分）

1. 从键盘上输入若干个学生成绩，统计并输出最高成绩和最低成绩，当输入负数时结束输入。（10 分）

```
#include <stdio.h>
void main()
{
    float s,gmax,gmin;                              //1 分
    scanf("%f,",&s);                                //1 分
    gmax=s;gmin=s;                                  //1 分
    while(s>=0)                                     //1 分
    {
        if(s>gmax) gmax=s;                          //2 分
        if(s<gmin) gmin=s;                          //2 分
        scanf("%f",&s);                             //1 分
    }
    printf("gmax=%f\ngmin=%f\n",gmax,gmin);         //1 分
}
```

2. 求 3～100 的全部素数，并统计素数个数。（10 分）

```
#include <stdio.h>
#include "math.h"
void main()
{
    int m,k,i,n;                                    //1 分
    for(m=3;m<=100;m+=2)                            //2 分
    {
        k=sqrt(m);                                  //1 分
        for(i=2;i<=k;i++)                           //1 分
            if(m%i==0) break;                       //2 分
        if(i>=k+1)                                  //1 分
        {
            printf("%d",m);                         //1 分
            n++;                                    //1 分
        }
    }
}
```

3. 编写程序完成矩阵转置,即将矩阵的行和列对换。(11 分)

如将矩阵 9 7 5 1 倒置为 9 3 4
3 1 2 8 7 1 6
4 6 8 10 5 2 8
1 8 10

```
#include "stdio.h"
#define ROW 3                                          //1分
#define COL 4                                          //1分
void main()
{
    int i,j,a[ROW][COL],a[ROW][COL];                   //1分
    for(i=0;i<=ROW;i++)                                //1分
        for(j=0;j<=COL;j++)                            //1分
            scanf("%d",&a[i][j]);                      //1分
    for(i=0;i<=ROW;i++)                                //1分
        for(j=0;j<=COL;j++)                            //1分
            b[j][i]=a[i][j];                           //1分
    for(i=0;i<=ROW;i++)                                //1分
        for(j=0;j<=COL;j++)                            //1分
            printf("%5d",b[i][j]);                     //1分
}
```

模拟题（二）参考答案

一、单项选择题（10 分，每题 2 分）

1. C　2. B　3. A　4. C　5. C

二、判断对错（6 分，每题 1 分，对：√，错：×）

1. ×　2. √　3. √　4. √　5. ×　6. √

三、写出下列程序的运行结果(10 分，每题 2 分)

1. 程序运行结果是：

```
a=6,  x=10
b=3,  y=6
```

2. 运行结果是：

```
x = 10
0
1
2
3
```

3. 程序运行结果是：66

4. 程序运行结果为：

```
2016,4,23
2016,4,23
```

5. 程序运行结果是：

```
x = 10
*y = 10
*y = 30
```

```
x = 30
```

四、阅读程序，在标有下画线的空白处填入适当的表达式或语句，使程序完整并符合题目要求（10 分，评分标准：每空 1 分，正确得 1 分，错误扣 1 分）

1.

```
&year
year%4==0&&year%100!=0 || year%400==0
flag
```

2.

```
<math.h>
int IsPrime(int m);
flag
i<=sqrt(m)
m % i
(k == 0)
1
```

五、在下面给出的 4 个程序中，共有 18 处错误（包括语法错误和逻辑错误），请找出其中的错误，并改正（34 分，每找对 1 个错误，加 1 分，每修改正确 1 个错误，再加 1 分。只要找对 17 个即可，多找不加分）

1. 下面程序的功能是从键盘输入一行字符，统计其中有多少单词。假设单词之间以空格分开。已知：判断是否有新单词出现的方法是当前被检验字符不是空格，而前一被检验字符是空格，则表示有新单词出现。（5 个错误）

```
#include <stdio.h>
void main()
{
    int i, num, n=20;
    char str[n];                             //char str[20];
    scanf("%s", str);                        //gets(str);
    if(str[0]!=' ')
        num = 1;
    else
        num = 0;
    for(i=1; i<20; i++)                      //for(i=1; str[i]!='\0'; i++)
    {
        if(str[i]!=' '||str[i-1]==' ')      //if(str[i]!=' '&& str[i-1]==' ')
            num = num++;                     //num++;
    }
    printf("num=%d\n", num);
}
```

2. 编写一个函数 Inverse()，实现将字符数组中的字符串逆序存放的功能。（5 个错误）

```
#include<string.h>
#include<stdio.h>
#define ARR_SIZE = 80;                          //#define ARR_SIZE 80
void Inverse(char str[])                        //void Inverse(char str[]);
void main()
{
    char a[ARR_SIZE] ;
    printf("Please enter a string: ");
    gets(a);
    Inverse(char a[]);                          //Inverse(a);
    printf("The inversed string is: ");
    puts(a);
```

```
}
void Inverse(char str[])
{
    int len, i = 0, j;
    char temp;
    len = strlen(str);
    for(j=len; i<j; i++,j--)                    //for(j=len-1; i<j; i++, j--)
    {
        temp = str[i];
        str[j] = str[i];                        //str[i] = str[j];
        str[j] = temp;
    }
}
```

3. 韩信点兵。韩信有一队兵，他想知道有多少人，便让士兵排队报数：按从 1 至 5 报数，最末一个士兵报的数为 1；按从 1 至 6 报数，最末一个士兵报的数为 5；按从 1 至 7 报数，最末一个士兵报的数为 4；最后再按从 1 至 11 报数，最末一个士兵报的数为 10。你知道韩信至少有多少兵吗？（4 个错误）

```
#include <stdio.h>
void main()
{
    int x;                          //原来未初始化 int  x=1;
    while(1)
    {
        if(x%5=1&&x%6=5&&x%7=4&&x%11=10)
                                    //缺一个= if(x%5==1&&x%6==5&&x%7==4&&x%11==10)
        {
            continue;               //break;
            x++;                    //位置不对，这里的应该删掉，应该放到}下面
        }
                                    //放到这里 x++;
    }
    printf(" x = %d\n", x);
}
```

4. 编程输入 10 个数，找出其中的最大值及其所在的数组下标位置。（4 个错误）

```
#include <stdio.h>
int FindMax(int num[], int n, int *pMaxPos);
void main()
{
    int num[10], maxValue, maxPos, minValue, minPos, i;
    printf("Input 10 numbers:\n ");
    for (i=0; i<10; i++)
    {
        scanf("%d", num[i]);            //缺少&, scanf("%d", &num[i]);
    }
    maxValue = FindMax(num, 10, maxPos); //缺少&, maxValue = FindMax(num, 10, &maxPos);
    printf("Max=%d, Position=%d\n",maxValue, maxPos);
}
int FindMax(int num[], int n, int *pMaxPos);      //去掉分号
{
    int i, max;
    max = num[0];
```

```
        //缺初始化语句*pMaxPos = 0;
        for(i = 1; i < n; i++)
        {
            if(num[i] > max)
            {
                max = num[i];
                *pMaxPos = i;
            }
        }
        return max;
    }
```

六、编程题（30 分）

1. 编程计算 1!+2!+3!+…+10!的值。（12 分）

参考答案 1:

```
#include <stdio.h>
void main()
{
    long term = 1,sum = 0;                       //2 分
    int i;
    for(i = 1; i <= 10; i++)                     //2 分
    {
        term = term * i;                         //3 分
        sum = sum + term;                        //3 分
    }
    printf("1!+2!+...+10! = %ld \n", sum);       //2 分
}
```

参考答案 2:

```
#include <stdio.h>
void main()
{
    long term ,sum = 0;                          //2 分
    int i, j;
    for(i = 1; i <= 10; i++)                     //1 分
    {
        term = 1;                                //2 分
        for(j = 1; j <= i; j++)                  //1 分
            term = term * j;                     //2 分
        sum = sum + term;                        //2 分
    }
    printf("1!+2!+…+10! = %ld \n", sum);         //2 分
}
```

2. 从键盘任意输入某班 20 个学生的成绩，打印最高分，并统计不及格学生的人数。（18 分）

```
#include <stdio.h>
int FindMax(int score[], int n);             //1 分
int CountFail(int score[], int n);           //1 分
void main()
{
    int i, score[20],max,count;
    for(i=0; i<20; i++)                      //1 分
```

```
        scanf("%d",&score[i]);                  //1分
    max = FindMax(score, 20);                   //1分
    printf("max = %d\n",max);                   //1分
    count = CountFail(score, 20);               //1分
    printf("count = %d\n",count);               //1分
}
int FindMax(int score[], int n)                 //1分
{
    int max,i;
    max = score[0];                             //1分
    for(i=0; i<20; i++)                         //1分
        if(score[i] > max) max = score[i];      //1分
    return max;                                 //1分
}
int CountFail(int score[], int n)               //1分
{
    int count,i;
    count = 0;                                  //1分
    for(i=0; i<20; i++)                         //1分
        if(score[i] < 60) count ++;             //1分
    return count;                               //1分
}
```

模拟题（三）参考答案

一、单项选择题（20分，每题1分）

1. D　2. B　3. D　4. B　5. B　6. B　7. A　8. B
9. B　10. C　11. A　12. C　13. B　14. C　15. A　16. D
17. B　18. C　19. A　20. B

二、填空题（24分，每题2分）

1. 下画线　2. 双引号　3. 26　4. 5　5. 三（3）
6. 1，20　7. 1　8. 循环结构　9. 类型不同
10. 存储在外部介质上的相关数据集合

三、阅读程序，写出程序运行结果（20分，每题5分）

1. 5
   11
2. 8　5　2
   k=4　y=0
3. m=82,j=7
4.
   ABCD
   BCD
   CD
   D

四、编程题（36 分）

1. 求元素个数为 10 的一维数组元素中的最大值和最小值。（12 分）

```
#include "stdio.h"
void main()
{
    int term[10];                                   //1 分
    int i,max,min;                                  //1 分
    printf"请输入 10 个整数: ");
    fori=0;i<10;i++)                                //1 分
        scanf("%d",&term[i]);                       //1 分
    max=term[0];                                    //1 分
    min=term[0];                                    //1 分
    for(i=0;i<10;i++)                               //1 分
    {
        if(term[i]<min) min=term[i];                //2 分
        if(term[i]>max) max=term[i];                //2 分
    }
    printf("max=%d,min=%d",max,min);                //1 分
    }
}
```

2. 输出 1900 年～2016 年中所有的闰年。每输出 3 个年号换一行。（判断闰年的条件为下面二者之一：能被 4 整除，但不能被 100 整除，或者能被 400 整除。）（12 分）

```
#include "stdio.h"
void main()
{
    int i,n;                                        //1 分
    for(n=0,i=1900;i<=2016;i++)                     //2 分
    {
        if(i%4==0&&i%100!=0||i%400==0)              //4 分
        {
            printf("%d ",i);                        //1 分
            n++;                                    //1 分
        }
        if(n%3==0)                                  //2 分
            printf("\n");                           //1 分
    }
}
```

3. 编写函数:输入两个正整数 m,n,求它们的最大公约数和最小公倍数。（12 分）

```
#include "stdio.h"
int gcd(int m,int n)                                //1 分
{
    if(n==0) return(m);                             //1 分
    else return(gcd(n,m%n));                        //2 分
}
int tim(int m,int n)                                //1 分
{
    return(m*n/gcd(m,n));                           //2 分
```

```
}
void main()
{
    int m,n,g,t;                                           //1分
    printf("enter two number please: ");
    scanf("%d,%d",&m,&n);
    g=gcd(m,n);                                            //1分
    t=tim(m,n);                                            //1分
    printf("gcd(m,n)=%d\n",g);  /*输出最大公约数*/          //1分
    printf("tim(m,n)=%d\n",t);  /*输出最小公倍数*/          //1分
}
```

模拟题（四）参考答案

一、单项选择题（20分，每题1分）

1. B　2. B　3. D　4. C　5. D　6. C　7. A　8. C
9. D　10. A　11. C　12. D　13. B　14. D　15. A　16. B
17. D　18. B　19. A　20. C

二、填空题（16分，每空2分）

1. #号　2. 0　3. ch!='\n'　ch>='0'&& ch<='9'
4. 将变量c中的字符显示到屏幕上
5. 指针变量p为整型　6. FILE *fp　7. 12

三、阅读程序，写出程序运行结果（25分，每题5分）

1. A B C　2. 12　3. 5! =120　4. 3 4　5. 1 3 5

四、编程题（39分）

1. 编程计算下列表达式：s=1!+2!+3!+4!+…+10!。（13分）

```
#include "stdio.h"
void main()
{
    long s=0,t=1;                                          //2分
    int i;
    for(i=1;i<=10;i++)                                     //3分
    {
        t=t*i;                                             //3分
        s=s+t;                                             //3分
    }
    printf("%ld",s);                                       //2分
}
```

2. 从键盘上输入a与n的值，计算sum=a+aa+aaa+aaaa+…(共n项)的和。例a=2，n=4，则sum=2+22+222+2222。（13分）

```
#include "stdio.h"
void main()
{
    int a,n count=1,sn=0,tn=0;                             //2分
    scanf("%d %d",&a,&n);                                  //1分
    while(count<=n)                                        //2分
```

```
    {    tn=tn+a;                                   //2 分
         sn=sn+tn;                                  //1 分
         a=a*10;                                    //2 分
         ++count;                                   //2 分
    }
    printf("%d",sn);                                //1 分
}
```

3. 求 3×3 矩阵的主对角线元素之和。(13 分)

```
#include "stdio.h"
void main()
{
    int a[3][3],i,j,s=0;                            //1 分
    for(i=0;i<3;i++)                                //2 分
        for(j=0;j<3;j++)                            //2 分
            scanf("%d",&a[i][j]);                   //1 分
    for(i=0;i<3;i++)                                //2 分
        for(j=0;j<3;j++)                            //1 分
            if(i==j)                                //2 分
                s=s+a[i][j];                        //1 分
    printf("%d",s);                                 //1 分
}
```

模拟题（五）参考答案

一、单项选择题（10 分，每题 2 分）

1. A　2. B　3. D　4. C　5. B

二、写出下列程序的运行结果(10 分，每题 2 分)

1. value=2016
2. a=2, b=1

   a=3, b=2
3. 9
4. 1　2　3　4　5　6　7　8　9　10

   1　3　5　7　9
5. The Result is : 7

三、阅读程序，在标有下画线的空白处填入适当的表达式或语句，使程序完整并符合题目要求（8 分，评分标准：每空 1 分，正确得 1 分，错误扣 1 分）

1. 以下程序将输入的十进制数以十六进制的形式输出。

```
&number
number % base
i++
i>=0
b[d]
```

2. 用户从键盘任意输入一个数字表示月份值 n，程序显示该月份对应的英文表示，若 n 不在 1～12，则输出“Illegal month”。

```
(n <= 12) && (n >= 1)
```

```
monthName[n]
monthName[0]
```

四、在下面给出的4个程序中，有15处错误（包括语法错误和逻辑错误），请找出其中的错误，并改正（30分，评分标准：实际错误有16个，只要找对15个即可，多找不加分。每找对1个错误，加1分，每修改正确1个错误，再加1分）

1. 折半查找。

```
#include <stdio.h>
void main()
{
    int up=10, low=1, mid, found, find;  // int up=9, low=0, mid,found=0, find;
    int a[10]={1, 5, 6, 9, 11, 17, 25, 34, 38, 41};
    scanf("%d", find);                          //scanf("%d", &find);
    printf("\n");
    while (up>=low || !found)                   // while (up>=low && !found)
    {
        mid=(up+low)/2;
        if (a[mid] = find )                     // if(a[mid] = = find)
        {
            found=1;
            break;
        }
        else if (a[mid]>find)
              up=mid+1;                         // up=mid - 1;
        else low=mid+1;
    }
    if(found) printf("found number is %dth", mid);
    else printf("no  found");
}
```

2. 下面程序模拟了骰子的6000次投掷，用rand函数产生1～6的随机数face，然后统计1～6每一面出现的次数存放到数组frequency中。

```
#include <stdlib.h>
#include <time.h>
#include <stdio.h>
void main()
{
    int  face, roll, frequency[7] = {0};
    srand(time[NULL]);                              // srand(time(NULL));
    for (roll=1; roll<=6000; roll++);               //去掉分号
    {
        face = rand()%6 + 1;
        ++frequency[Face];                          //++frequency[face];
    }
    printf("%4s%17s\n", "Face", "Frequency");
    for (face=1; face<=6; face++)
        printf("%4d%17d\n", face, frequency[face]);
}
```

3. 计算十个数据的平均值。

```
#include <stdio.h>
void main(void)
{
    int i, sum;                                 // int i, sum=0;
    float avg;
```

```
        int sc[10], *p = sc;
        for (i=0, i<10, i++)                        // for (i=0; i<10; i++)
        {
            scanf("%d", p);
            p++;
            sum += *p; //sum+= *(p-1); 或不修改上面的语句，而将p++;移到原sum += *p;语句的下面
        }
        avg = sum / 10;                             // avg = (float)sum/ 10;
        printf("avg=%f\n", avg);
    }
```

4. 编程实现从键盘输入一个字符串，将其字符顺序颠倒后重新存放，并输出这个字符串。

```
    #include <stdio.h>
    #include <string.h>
    void Inverse(char rstr[])                       // void Inverse(char rstr[]);
    void main()
    {
        char  str[80];
        printf("Input a string:\n");
        gets(str);
        Inverse(str);
        printf("The inversed string is:\n");
        puts(str);
    }
    void Inverse(char rstr[])
    {
        int i,n;
        char temp;
        for(i=0, n=(strlen(rstr)); i<n; i++, n--)  // for(i=0, n=(strlen(rstr)-1); i<n; i++,n--)
        {
            temp = rstr[i];
            rstr[i] = rstr[n];
            rstr[n] = temp;
        }
    }
```

五、编程题（42 分）

1. 从键盘任意输入一个 4 位数 x，编程计算 x 的每一位数字相加之和（忽略整数前的正负号）。例如，输入 x 为 1234，则由 1234 分离出其千位 1、百位 2、十位 3、个位 4，然后计算 1+2+3+4=10，并输出 10。（14 分）

```
    // 空格、空行、缩进、标识符命名等编程规范 2 分
    #include <stdio.h>
    #include <math.h>                                  //1分
    void main()
    {
        int i1, i2, i3, i4, k, n=10000;                //2 分,为避免输入非数值类型数
据，将 n 初始化成不在 1000 和 9999 之间的数
                                                       //1分,变量类型定义正确
        printf("Input a decimal between 1000 and 9999:");
        scanf("%d", &n);                               //1分
        k = fabs(n);             /*取绝对值*/          //2分
        if((k<1000)||(k>9999))                         //2分 有效数据判断
        {
```

```
    printf("Input error!\n");
    return;
  }
  i1 = k / 1000;                                /*分离出千位*/        //1分
  i2 = (k - i1 * 1000) / 100;                   /*分离出百位*/        //1分
  i3 = (k - i1 * 1000 - i2 * 100) / 10;         /*十位*/              //1分
  i4 = k % 10;                                  /*分离出个位*/        //1分
  printf("The sum of the total bit is %d\n", i1+i2+i3+i4);            //1分
}
```

2. 输入20个学生的成绩，求出其中大于平均成绩学生的人数，并对20名学生成绩按从高到低进行排序。(14分)

```
#include <stdio.h>
void main()
{
    int p=20,i,k=0,j;                            //2分 类型错扣1分，没初始化扣1分
    float ave,a[20],t,sum=0;
    printf("Please input the score of the students:\n");
    for(i=0;i<p;i++)                             //2分
        scanf("%f",&a[i]);
    for(i=0;i<p;i++)                             //2分
        sum=sum+a[i];
    ave=sum/p;                                   //1分
    for(i=0;i<p;i++)                             //2分
    {
        if(a[i]>ave)
          k++;
    }
    for(i=0;i<p-1;i++)                           //2分双重循环
        for(j=1;j<p-i;j++)
            if(a[j-1]<a[j])
                t=a[j-1];a[j-1]=a[j];a[j]=t;     //1分
    printf("students above the average score and the average score:%d,%.1f\n",k,ave);
//1分，输出显示正确
    printf("The score from up to down is:\n");
    for(i=0;i<p;i++)
        printf("%.1f\t",a[i]);                   //1分，输出显示正确
}
```

3. 利用公式$\frac{\pi}{2}=\frac{2}{1}\times\frac{2}{3}\times\frac{4}{3}\times\frac{2}{5}\times\frac{6}{5}\times\frac{6}{7}\times\cdots$前100项之积计算并打印π值。(14分)

```
//缩进、空格、空行、标识符命名等编程规范 2分
#include <stdio.h>
void main()
{
    double term, result = 1;                     //2分 类型和初始化正确
    int n;
    for (n = 2; n <= 100; n = n + 2)             //4分循环正确
    {
        term = (double)( n * n)/(( n - 1) * ( n + 1));  //4分 类型转换1分，表达式2分
        result = result * term;                  //2分
```

```
    }
    printf("result = %lf\n", 2*result);                //2分 类型和表达式正确各1分
}
```

模拟题（六）参考答案

一、单项选择题（20分，每题1分）

1. C　2. B　3. D　4. A　5. B　6. A　7. C　8. C　9. A
10. A　11. C　12. D　13. A　14. D　15. D　16. C　17. D　18. D
19. A　20. B

二、填空题（24分，每题2分）

1. 2，1
2. #define 符号常量 常量
3. (x>20 && x<30) || x<-100
4. 循环结果
5. # include "string.h"
6. a[1][1]=0 , a[2][1]=0
7. * 指针运算符，& 地址运算符
8. 分号;
9. 复合语句
10. a=12,b=24,c=36
11. $\sqrt{s(s-a)(s-b)(s-c)}$
12. 非0

三、阅读程序，写出程序运行结果（25分，每题5分）

1. 10，4，3
2. 8 5 2
3. 6
4. 18

10

5.

```
*****
 *****
   *****
       *****
             *****
```

四、编程题（31分）

1. 用程序计算下列表达式：s=1!+2!+3!+4!。（10分）

```
#include <stdio.h>
void main()
{
    long int a,b,sum=0,p;                          //1分
```

```
    for(a=1;a<=4;a++)                          //2分
    {
        p=1;                                   //1分
        for(b=1;b<=a;b++)                      //2分
            p*=b;                              //1分
        sum+=p;                                //2分
    }
    printf("%ld",sum);                         //1分
}
```

2. 从键盘上输入三个数，求出其中最大的一个数。（10分）

```
#include <stdio.h>
void main()
{
    int a,b,c,max;                             //2分
    scanf("%d,%d,%d",&a,&b,&c);                //2分
    if(a>b)   max=a;                           //2分
    else max=b;                                //1分
    if(max<c) max=c;                           //2分
    printf("max=%d",max);                      //1分
}
```

3. 输入两个整数，调用函数stu( )求两个数差的平方，返回主函数显示结果。（11分）

```
#include <stdio.h>
int stu(int a,int b)                           //2分
{
    int c;                                     //1分
    c=a*a+b*b-2*a*b;                           //2分
    return c;                                  //1分
}
void main()
{
    int x,y,z;
    scanf("%d,%d",&x,&y);                      //1分
    z=stu(x,y);                                //3分
    printf("%d",z);                            //1分
}
```

第 5 部分 附录

附录 A　Visual C++ 6.0 常见错误提示

1. fatal error C1010: unexpected end of file while looking for precompiled header directive.

寻找预编译头文件路径时遇到了不该遇到的文件尾。一般是没有#include "stdafx.h"。

2. fatal error C1083: Cannot open include file: 'R…….h': No such file or directory.

不能打开包含文件“R….h”：没有这样的文件或目录。

3. error C2011: 'C……': 'class' type redefinition.

类“C……”重定义。

4. error C2018: unknown character '0xa3'.

不认识的字符'0xa3' (一般是汉字或中文标点符号)。

5. error C2057: expected constant expression.

希望是常量表达式。一般出现在 switch 语句的 case 分支中。

6. error C2065: 'IDD_MYDIALOG' : undeclared identifier.

“IDD_MYDIALOG”：未声明过的标识符。

7. error C2082: redefinition of formal parameter 'bReset'.

函数参数“bReset”在函数体中重定义。

8. error C2143: syntax error: missing ':' before '{'.

句法错误：“{”前缺少“;”。

9. error C2146: syntax error : missing ';' before identifier 'dc'.

句法错误：在“dc”前丢了“;”。

10. error C2196: case value '69' already used.

值 69 已经用过。一般出现在 switch 语句的 case 分支中。

11. error C2509: 'OnTimer' : member function not declared in 'CHelloView'.

成员函数“OnTimer”没有在“CHelloView”中声明。

12. error C2511: 'reset': overloaded member function 'void (int)' not found in 'B'.

重载的函数“void reset(int)”在类“B”中找不到。

13. error C2555: 'B::f1': overriding virtual function differs from 'A::f1' only by return type or calling convention.

类 B 对类 A 中同名函数 f1 的重载仅根据返回值或调用约定上的区别。

14. error C2660: 'SetTimer' : function does not take 2 parameters.

“SetTimer”函数不传递 2 个参数。

15. warning C4035:'f……': no return value.

“f……”的 return 语句没有返回值。

16. warning C4553: '= =':operator has no effect;did you intend '='?

没有效果的运算符“= =”;是否改为“=”?

17. warning C4700: local variable 'bReset' used without having been initialized.

局部变量“bReset”没有初始化就使用。

18. error C4716: 'CMyApp::InitInstance' : must return a value.

“CMyApp::InitInstance”函数必须返回一个值。

19. LINK : fatal error LNK1168: cannot open Debug/P1.exe for writing.

连接错误：不能打开 P1.exe 文件，以改写内容(一般是 P1.Exe 还在运行，未关闭)。

20. error LNK2001: unresolved external symbol "public: virtual _thiscall C……::~C……(void)".

连接时发现没有实现的外部符号(变量、函数等)。

21. function call missing argument list.

调用函数的时候没有给参数。

22. member function definition looks like a ctor, but name does not match enclosing class.

成员函数声明了，但没有使用。

23. unexpected end of file while looking for precompiled header directive.

在寻找预编译头文件时文件意外结束，编译不正常终止可能造成这种情况。

更多错误提示：

Ambiguous operators need parentheses ------不明确的运算需要用括号括起。

Ambiguous symbol "xxx" ------不明确的符号。

Argument list syntax error ------参数表语法错误。

Array bounds missing ------丢失数组界限符。

Array size toolarge ------数组尺寸太大。

Bad character in paramenters ------参数中有不适当的字符。

Bad file name format in include directive------包含命令中文件名格式不正确。

Bad ifdef directive synatax ------编译预处理 ifdef 有语法错。

Bad undef directive syntax ------编译预处理 undef 有语法错。

Bit field too large ------位字段太长。

Call of non-function ------调用未定义的函数。

Call to function with no prototype ------调用函数时没有函数的说明。

Cannot modify a const object ------不允许修改常量对象。

Case outside of switch------漏掉了 case 语句。

Case syntax error------ Case 语法错误。

Code has no effect------代码不可能执行到。

Compound statement missing{------分程序漏掉"{"。

Conflicting type modifiers ------不明确的类型说明符。

Constant expression required ------要求常量表达式。

Constant out of range in comparison ------在比较中常量超出范围。

Conversion may lose significant digits ------转换时会丢失意义的数字。

Conversion of near pointer not allowed ------不允许转换近指针。

Could not find file "xxx" ------找不到 XXX 文件。

Declaration missing ------说明缺少"; "

Declaration syntax error -------说明中出现语法错误。

Default outside of switch ------ Default 出现在 switch 语句之外。

Define directive needs an identifier ------定义编译预处理需要标识符。

Division by zero ------用零作除数。

Do statement must have while ------ Do-while 语句中缺少 while 部分。

Enum syntax error ------枚举类型语法错误。

Enumeration constant syntax error ------枚举常数语法错误。

Error directive :xxx ------错误的编译预处理命令。

Error writing output file ------写输出文件错误。

Expression syntax error ------表达式语法错误。

Extra parameter in call ------调用时出现多余错误。

File name too long ------文件名太长。

Function call missing ------函数调用缺少右括号。

Fuction definition out of place -------函数定义位置错误。

Fuction should return a value ------函数必须返回一个值。

Goto statement missing label ------ Goto 语句没有标号。

Hexadecimal or octal constant too large ------16 进制或 8 进制常数太大。

Illegal character "x" ------非法字符 x。

Illegal initialization ------非法的初始化。

Illegal octal digit ------非法的 8 进制数字。

Illegal pointer subtraction ------非法的指针相减。

Illegal structure operation ------非法的结构体操作。

Illegal use of floating point ------非法的浮点运算。

Illegal use of pointer ------指针使用非法。

Improper use of a typedefsymbol ------类型定义符号使用不恰当。

In-line assembly not allowed ------不允许使用行间汇编。

Incompatible storage class ------存储类别不相容。

Incompatible type conversion ------不相容的类型转换。

Incorrect number format ------错误的数据格式。

Incorrect use of default ------Default 使用不当。

Invalid indirection ------无效的间接运算。

Invalid pointer addition ------指针相加无效。

Irreducible expression tree ------无法执行的表达式运算。

Lvalue required ------需要逻辑值 0 或非 0 值。

Macro argument syntax error ------宏参数语法错误。

Macro expansion too long ------宏的扩展以后太长。

Mismatched number of parameters in definition ------定义中参数个数不匹配。

Misplaced break ------此处不应出现 break 语句。

Misplaced continue ------此处不应出现 continue 语句。

Misplaced decimal point ------此处不应出现小数点。

Misplaced elif directive ------不应编译预处理 elif。

Misplaced else ------此处不应出现 else houjiuming。

Misplaced else directive ------此处不应出现编译预处理 else。

Misplaced endif directive ------此处不应出现编译预处理 endif。

Must be addressable ------必须是可以编址的。

Must take address of memory location ------必须存储定位的地址。

No declaration for function "xxx" ------没有函数 xxx 的说明。

No stack ------缺少堆栈。

No type information ------没有类型信息。

Non-portable pointer assignment ------不可移动的指针（地址常数）赋值。

Non-portable pointer comparison ------不可移动的指针（地址常数）比较。

Non-portable pointer conversion ------不可移动的指针（地址常数）转换。

Not a valid expression format type ------不合法的表达式格式。

Not an allowed type ------不允许使用的类型。

Numeric constant too large ------数值常太大。

Out of memory ------内存不够用。

Parameter "xxx" is never used ------参数 xxx 没有用到。

Pointer required on left side of -> -------符号->的左边必须是指针。

Possible use of "xxx" before definition ------在定义之前就使用了 xxx（警告）。

Possibly incorrect assignment ------赋值可能不正确。

Redeclaration of "xxx" ------重复定义了 xxx。

Redefinition of "xxx" is not identical ------xxx 的两次定义不一致。

Register allocation failure ------寄存器定址失败。

Repeat count needs an lvalue ------重复计数需要逻辑值。

Size of structure or array not known ------结构体或数组大小不确定。

Statement missing ------语句后缺少"; "。

Structure or union syntax error ------结构体或联合体语法错误。

Structure size too large ------结构体尺寸太大。

Sub scripting missing] ------下标缺少右方括号。

Superfluous & with function or array ------函数或数组中有多余的"&"。

Suspicious pointer conversion ------可疑的指针转换。

Symbol limit exceeded ------符号超限。

Too few parameters in call ------函数调用时的实参少于函数的参数。

Too many default cases ------Default 太多(switch 语句中一个)。

Too many error or warning messages ------错误或警告信息太多。

Too many type in declaration ------说明中类型太多

Too much auto memory in function ------函数用到的局部存储太多。

Too much global data defined in file ------文件中全局数据太多。

Two consecutive dots ------两个连续的句点。

Type mismatch in parameter xxx ------参数 xxx 类型不匹配。

Type mismatch in redeclaration of "xxx" ------ xxx 重定义的类型不匹配。

Unable to create output file "xxx" ------无法建立输出文件。

xxx Unable to open include file "xxx" ------无法打开被包含的文件。

xxx Unable to open input file "xxx" ------无法打开输入文件 xxx。

Undefined label "xxx" ------没有定义的标号 xxx。

Undefined structure "xxx" ------没有定义的结构 xxx。

Undefined symbol "xxx" ------没有定义的符号 xxx。

Unexpected end of file in comment started on line xxx ------从 xxx 行开始的注解尚未结束文件不能结束。

Unexpected end of file in conditional started on line xxx ------从 xxx 开始的条件语句尚未结束文件不能结束。

Unknown assemble instruction ------未知的汇编结构。

Unknown option ------未知的操作。

Unknown preprocessor directive: "xxx" ------不认识的预处理命令 xxx。

Unreachable code ------无路可达的代码。

Unterminated string or character constant ------字符串缺少引号。

User break ------用户强行中断了程序。

void functions may not return a value ------void 类型的函数不应有返回值。

Wrong number of arguments ------调用函数的参数数目错。

"xxx" not an argument ------xxx 不是参数。

"xxx" not part of structure ------xxx 不是结构体的一部分。

xxx statement missing (------xxx 语句缺少左括号。

xxx statement missing) ------xxx 语句缺少右括号。

xxx statement missing ------xxx 缺少分号。

xxx" declared but never used ------说明了 xxx 但没有使用。

xxx" is assigned a value which is never used ------给 xxx 赋了值但未用过。

Zero length structure ------结构体的长度为零。

附录 B 标准 ASCII 码表

“美国信息交换标准代码”（American Standard Code for Information Interchange, ASCII）。

十进制	八进制	十六进制	字符	十进制	八进制	十六进制	字符	十进制	八进制	十六进制	字符
0	000	00	NUL	43	053	2B	+	86	126	56	V
1	001	01	SOH	44	054	2C	,	87	127	57	W
2	002	02	STX	45	055	2D	-	88	130	58	X
3	003	03	ETX	46	056	2E	.	89	131	59	Y
4	004	04	EOT	47	057	2F	/	90	132	5A	Z
5	005	05	ENQ	48	060	30	0	91	133	5B	[
6	006	06	ACK	49	061	31	1	92	134	5C	\
7	007	07	BEL	50	062	32	2	93	135	5D	]
8	010	08	BS	51	063	33	3	94	136	5E	^
9	011	09	HT	52	064	34	4	95	137	5F	_
10	012	0A	LT	53	065	35	5	96	140	60	‘
11	013	0B	VT	54	066	36	6	97	141	61	a
12	014	0C	FF	55	067	37	7	98	142	62	b
13	015	0D	CR	56	070	38	8	99	143	63	c
14	016	0E	SO	57	071	39	9	100	144	64	d
15	017	0F	SI	58	072	3A	:	101	145	65	e
16	020	10	DLE	59	073	3B	;	102	146	66	f
17	021	11	DC1	60	074	3C	<	103	147	67	g
18	022	12	DC2	61	075	3D	=	104	150	68	h
19	023	13	DC3	62	076	3E	>	105	151	69	i
20	024	14	DC4	63	077	3F	?	106	152	6A	j
21	025	15	NAK	64	100	40	@	107	153	6B	k
22	026	16	SYN	65	101	41	A	108	154	6C	l
23	027	17	ETB	66	102	42	B	109	155	6D	m
24	030	18	CAN	67	103	43	C	110	156	6E	n
25	031	19	EM	68	104	44	D	111	157	6F	o
26	032	1A	SUB	69	105	45	E	112	160	70	p
27	033	1B	ESC	70	106	46	F	113	161	71	q
28	034	1C	FS	71	107	47	G	114	162	72	r
29	035	1D	GS	72	110	48	H	115	163	73	s
30	036	1E	RS	73	111	49	I	116	164	74	t
31	037	1F	US	74	112	4A	J	117	165	75	u
32	040	20	SP	75	113	4B	K	118	166	76	v
33	041	21	!	76	114	4C	L	119	167	77	w
34	042	22	“	77	115	4D	M	120	170	78	x
35	043	23	#	78	116	4E	N	121	171	79	y
36	044	24	$	79	117	4F	O	122	172	7A	z
37	045	25	%	80	120	50	P	123	173	7B	{
38	046	26	&	81	121	51	Q	124	174	7C	|
39	047	27	‘	82	122	52	R	125	175	7D	}
40	050	28	(	83	123	53	S	126	176	7E	~
41	051	29	)	84	124	54	T	127	177	7F	del
42	052	2A	*	85	125	55	U				

参 考 文 献

[1] 张基温．C 语言程序设计案例教程习题解析与实验指导．北京：清华大学出版社，2007

[2] 游洪跃，彭骏，谭斌．C 语言程序设计实验与课程设计教程．北京：清华大学出版社，2011

[3] 李俊生，杨波，黄继海．C 程序设计及实验指导．北京：人民邮电出版社，2012

[4] 何钦铭，等．C 语言程序设计经典实验案例集．北京：高等教育出版社，2012

[5] 张磊．C 语言程序设计——理论、方法与实践．北京：清华大学出版社，2013

[6] 苏小红．C 语言程序设计学习指导（第 3 版）．北京：高等教育出版社，2013

[7] 郭明超，马浚，段东波，靳天玉．C 语言程序设计实验与实训教程．北京：清华大学出版社，2014

[8] 谭浩强．C 语言程序设计(第 3 版)学习辅导．北京：清华大学出版社，2014

[9] 朱立华，郭剑．C 语言程序设计习题解析与实验指导-(第 2 版)．北京：人民邮电出版社，2014

[10] 刘强，童启．C 语言程序设计实验教程．北京：清华大学出版社，2015